输电线路与自然和谐共存

风致灾害防治

工作手册

国网内蒙古东部电力有限公司 编

内 容 提 要

我国幅员辽阔，有沿海、内陆、荒漠、高原等各类地形，大风气候特征存在明显差异，正是这种差异，使我国成为世界上电网风灾最严重的国家之一，随着全球气候环境的变化，近年来，极端恶劣天气呈现多发和频发的趋势，输电线路长期处于自然条件中，受较大影响，本书总结了常见风种类和风致灾害类别，最后针对不同风害类型采取不同防护措施，同时本书也详细介绍了风害的防治措施以及发生风害时的应急保障措施。

本书共分为七章，主要内容包括概述、风害特点及规律、风害预防及保障措施、隐患排查、防范措施、应急处置和风害辨识典型图例。

本书可供从事电力工程科研、设计、施工、运维、管理等方面的技术人员学习使用，也可供高等院校相关专业师生参考。

图书在版编目（CIP）数据

输电线路与自然和谐共存. 风致灾害防治工作手册 / 国网内蒙古东部电力有限公司编.
—北京：中国电力出版社，2022.4
ISBN 978-7-5198-6423-1

Ⅰ. ①输… Ⅱ. ①国… Ⅲ. ①输电线路–风灾–灾害防治–手册 Ⅳ. ①TM726-62

中国版本图书馆 CIP 数据核字（2022）第 015685 号

出版发行：中国电力出版社
地　　址：北京市东城区北京站西街 19 号（邮政编码 100005）
网　　址：http://www.cepp.sgcc.com.cn
责任编辑：雍志娟
责任校对：黄　蓓　李　楠
装帧设计：郝晓燕
责任印制：石　雷

印　　刷：三河市万龙印装有限公司
版　　次：2022 年 4 月第一版
印　　次：2022 年 4 月北京第一次印刷
开　　本：710 毫米×1000 毫米　16 开本
印　　张：9
字　　数：108 千字
印　　数：0001—1500 册
定　　价：128.00 元

版 权 专 有　侵 权 必 究

本书如有印装质量问题，我社营销中心负责退换

编 委 会

主　任　罗汉武

副主任　叶立刚　王军亮　钱文晓　张秋伟　李文震
高春辉　史文江　王永光　徐国辉　张少杰
孙　广

委　员　祝永坤　陈师宽　康　凯　谢志强　李江涛
李海明　姜广鑫　冯新文　赵　勇　王晓栋
刘会斌　曹志刚　步天龙　张海龙　张国彦
王延伟

主　编　祝永坤

副主编　王军亮　高春辉　尚　鑫　许大鹏　周路焱

成　员　李　博　张振勇　鲍明正　张欣伟　张大沛
王泽禹　于明星　李　昉　王　泽　林恒洋
王江峰　王浩宇　冯振华　黄宇辰　武学亮
付志红　张瑞卓　郑瑞峰　王　亮　李向夫
荆浩然　陶震东　周启昊　赵　刚　李　硕
王　栋　王　湃　杨志超　王立国

前　言

我国幅员辽阔，有沿海、内陆、荒漠、高原等各类地形，大风气候特征存在明显差异，正是这种差异，使我国成为世界上电网风灾最严重的国家之一，近 10 年来，华东、华中、东北等地的输电线路强风灾害频发，110kV 及以上输电线路大风倒塔逾百基，大风是造成输电线路故障停运的主要原因之一。

随着全球气候环境的变化，近年来，极端恶劣天气呈现多发和频发的趋势，输电线路长期处于自然条件中，受大风影响，轻则发生导线微风振动、次档距振荡、舞动、风偏跳闸等情况，重则导致绝缘子断裂、导地线断线、铁塔倒塌、金具损坏等故障，如何提高输电线路本身抗风能力，保证线路安全稳定运行一直以来是一项重要工作。本书以蒙东辖区为例（本书特指通辽、赤峰、呼伦贝尔、兴安盟、锡林郭勒盟、鄂尔多斯地区），详细研究了蒙东辖区地域特点，地理特点，气候特点，通过整理分析蒙东辖区历年风害跳闸数据，总结出了蒙东辖区常见风种类和风致灾害类别，最后针对不同风害类型提出不同防护措施。此外，本书也详细介绍了风害的防治措施以及发生风害时的应急保障措施，通过本书，相信能以点带面，对我国整体风害种类和机理以及风害的防治有一定程度的掌握，并能用运用实践，最终增强输电运维质量，提升输电线路抵御自然灾害的能力。

本书主要内容包括风害特点及规律、风害预防及保障措施、隐患排查、防范措施、应急处置和风害辨识典型图例等内容，内容丰富，配有大量现场照片，直观生动地对内容进行解读，对新入职电力企业员工了解风害相关知识无疑是最佳的选择。本书除了能作为新入职电力企业员工的培训教材外，更能作为生产班组员工的技术技能培训用书。

本书在编写过程中得到相关专业人员的大力支持，书中大量照片凝聚了现场运维人员的辛劳汗水，借此对支持本书出版的同志表示感谢！

由于编者水平有限，书中难免有不足之处，望读者能提出宝贵意见，以便修改完善。

编　者

2022 年 2 月

目录

第一章　概　述

风害是影响输电线路安全稳定运行的一种自然灾害，架空输电线路长时间在强风、大风或者微风的影响下，轻则出现金具损坏、防振锤丢失、跑位等情况，重则出现导线断线、倒塔等危急情况。2013～2020 年，蒙东辖区 220kV 及以上架空输电线路累计发生风害跳闸 61 次，占总跳闸次数 17.0%，跳闸次数仅次于涉鸟故障和雷害，且发生风害后一般都会造成架空输电线路故障停运，如何提高运维人员对风害的认知，做到提前防范风害的发生越来越重要，本书介绍了常见风种类以及带来的影响，结合运维经验详细描述了风害导致的各类隐患缺陷，并提出了具体风害防治措施。

第一节　风 的 种 类

内蒙古东部地区地处欧亚大陆腹地、蒙古高原东南缘，气候受海洋影响较小，受到西伯利亚和蒙古冷高压及东南季风影响较大，属典型的中温带季风气候，具有降水量少而不匀、寒暑变化剧烈的显著特点。夏季温热而短暂，风力相对较小。冬季漫长而寒冷，主要为西北风，风力较大，年平均风速在 5m/s 以上。该地区风种类主要有阵风、山谷风、龙卷风、台风、飑线风。

1. 阵风

指短时间内风向变动不定，风速剧烈变化的风，通常指风速突然增强的风。蒙东辖区春、秋季节风力较大，持续时间较长，一般可持续 7～10h，对线路影响重大。该地区各辖区均发生过较强阵风，如某±500kV 线路受阵风影响，造成输电线路风偏跳闸，风力达到 14 级，瞬时风速 43.9m/s。

见图 1－1、图 1－2。

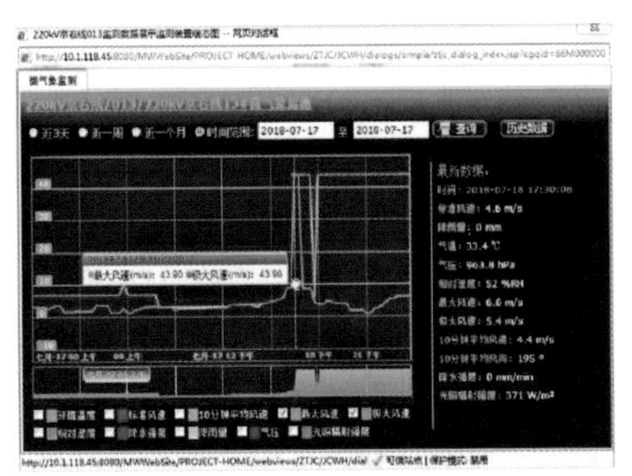

图 1－1 现场风速监

图 1－2 放电通道情况

2. 山谷风

山谷风是一类地方性风环流，包括垂直于山谷方向的上坡风－下坡风或沿山谷方向的山风－谷风在山地及其周边地区形成闭合环流。因为地形环境原因，输电线路杆塔常架设在山顶位置，存在档距大（800m 以上档距），弧垂大，运行环境恶劣等问题，在山谷风的影响下，经常出现导线舞动、金具磨损与断裂等问题。某 500kV 线路相间金具受山谷风作用，发生金具磨损、断裂，见图 1－3、图 1－4。

图 1－3 位于山谷风地区的输电线路

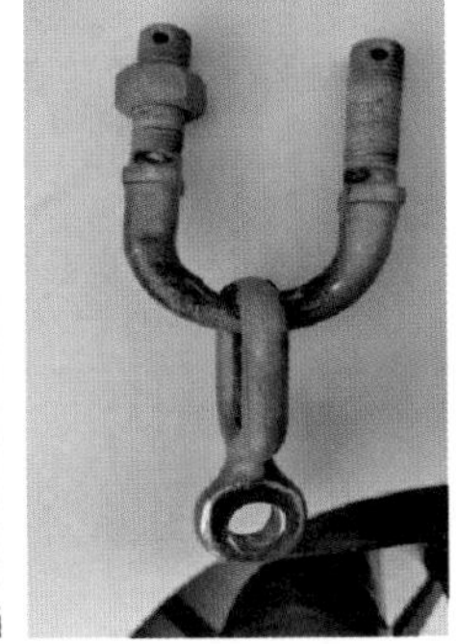

图 1－4 山谷风地区金具磨损

3. 龙卷风

龙卷风是大气中最强烈的涡旋的现象，它是一种范围很小而风力极大的强风旋涡。常发生于夏季的雷雨天气，多见于下午至傍晚，影响范围小，破坏力大。

龙卷风对输电线路的破坏主要体现在两个方面。一是龙卷风直接作用于输电线路杆塔导致倒杆断线；二是龙卷风作用于其他物体间接造成输电线路损坏而跳闸。某±500kV 线路受龙卷风影响发生风偏跳闸，见图 1－5、图 1－6。

图 1–5　放电通道

图 1–6　龙卷风对房屋造成破坏

4. 飑线风

飑线风属强对流天气范畴，突发性强、破坏力大，常伴有雷雨、大风、冰雹、等灾害性天气。飑线风局部强度比较大，由于常发于偏远地区，很难被气象站捕捉和监控。某 220kV 线路受飑线风作用，致使线路倒塔断线，见图 1－7、图 1－8。

图 1-7 某 220kV 某线路倒塔断线

图 1-8 某 220kV 某线路倒塔断线

5. 台风

台风是一种低气压逆时针旋转的热带气旋，内陆地区受台风作用较小，通常为过境台风。台风对输电线路的影响主要表现在风偏跳闸、洪水冲刷杆塔基础倒塔、杆塔周边发生泥石流、山体滑坡倒塔几方面。某 220kV 线路 194 号塔因台风导致洪水冲刷杆塔基础发生倒塔，见图 1-9、图 1-10。

图 1-9 倒塔前 194 号基础塔

图 1-10 倒塔后现场情况

第二节　风害机理与类型辨识

自然风因风速大小，持续时间和风与线路走向的夹角不同而对输电线路造成影响不同，根据风对线路本体造成损害的不同机理，主要可分为导线与周围物体空气间隙不足放电、微风振动，次档距振荡、舞动、风蚀、移动沙丘等几种情况。

1. 导线与周围物体空气间隙不足

在自然界风力作用下，线路带电部分与杆塔、树木、建筑物、构筑物等净空距离不足，造成电场畸变导致输电线路故障跳闸。

典型故障类型是风偏跳闸，特点是导线或导线金具烧伤痕迹明显，绝缘子不被烧伤或仅导线侧 1～2 片绝缘子轻微烧伤；杆塔放电点多，有明显电弧烧痕，放电通道清晰。

从放电通道来看，风偏跳闸的主要类型有：导线对杆塔构件放电和导线对周围物体放电两种类型。

（1）导线对杆塔构件放电。直线塔导线对杆塔构件放电。直线塔风偏主要是大风条件下摇摆角过大或超过设计值造成的空气间隙不足而放电，直线塔风偏跳闸导线侧故障点较集中，杆塔构件有明显放电痕迹，主要在脚钉、角钢等突出部位。风偏跳闸放电点，见图 1－11、图 1－12。

图 1－11　导线侧放电点

图 1－12　杆塔侧放电点

耐张杆塔引流线对杆塔构件放电。当引流线对杆塔放电时，引流线上放电点分布相对分散，导线距离杆塔最近处有明显放电痕迹，一般塔材放电点比较清晰。引流线与杆材放电点，见图 1－13、图 1－14。

图 1－13　引流线放电点

图 1－14　塔材放电点

（2）导线对周围建筑物、构建物放电。输电线路防护区内存在建筑物、构建物，正常情况下满足设计最大风偏时净空距离，极端天气下，构筑物与导线接近或接触，造成跳闸，放电点明显，见图 1－15、图 1－16，导线与路灯发生风偏放电。

图 1-15　路灯放电点

图 1-16　路灯与导线放电通道

2. 微风振动

当架空导线受到风速为 0.5～10m/s、稳定的横向均匀风力作用时，导线的背面将产生上下交替变化的气流漩涡，又称卡门漩涡，从而使导线受到一个上下交替的作用力，当这个脉冲力的频率与导线的固有自振频率相等时，形成有规律的上下波浪状的往复动作，即为微风振动。输电设备长期在微风振动的作用下，会造成杆塔、导线及金具疲劳损伤，严重时发生导地线断股断线，甚至杆塔倾倒。引起导线微风振动主要还有导线运行应力差，自阻尼性能差，地域开阔档距较大等原因。微风振动导致的危害，见图 1-17～图 1-20。

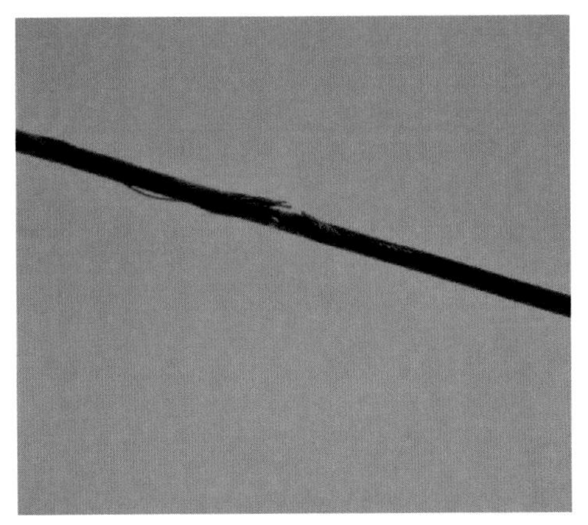

图 1－17 导线断股

图 1－18 导线断线

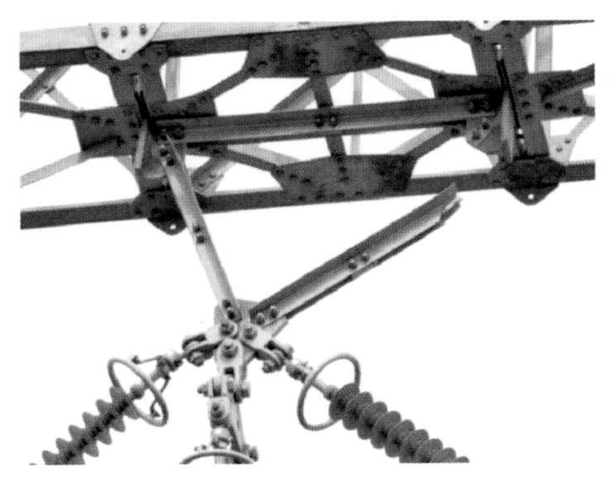

图 1－19 挂架断裂、绝缘子折断

图 1－20 正常杆塔

3. 次档距振荡

次档距振荡是分裂导线特有的一种振动形式，又称为尾流驰振。多分裂导线线路中，每相导线由两根或两根以上子导线构成一组或一束导线，并使用间隔棒将分裂导线固定成束状结构，相邻两个间隔棒之间的跨度称为次档距。当分裂导线束中的背风侧子导线落到迎风侧子导线周围所形成的旋涡气动尾流中时，分裂导线就会产生尾流驰振。研究成果表明，针对多分裂导线来说，四分裂导线的排列更易引发次档距振荡的发生。并且当风速在 7～20m/s，在平原开阔地带风向与线路夹角在 45° 以上的区域，导线次档距发生频率较高。发生次档距振荡可引起子导线鞭击，间隔棒、金具磨损或断裂，见图 1－21、图 1－22。

图 1－21　绝缘子球头挂环磨损　　图 1－22　相间间隔棒断裂

4. 舞动

导线舞动是导线发生偏心覆冰，在风激励下产生的一种低频、大振幅自激振动。舞动会造成闪络跳闸、金具及绝缘子损坏、导线断股断线、杆塔螺栓松动脱落、塔材损伤、基础受损，甚至倒塔等严重事故。导线舞动是危害输电线路安全稳定运行的一种严重灾害，见图 1－23、图 1－24。

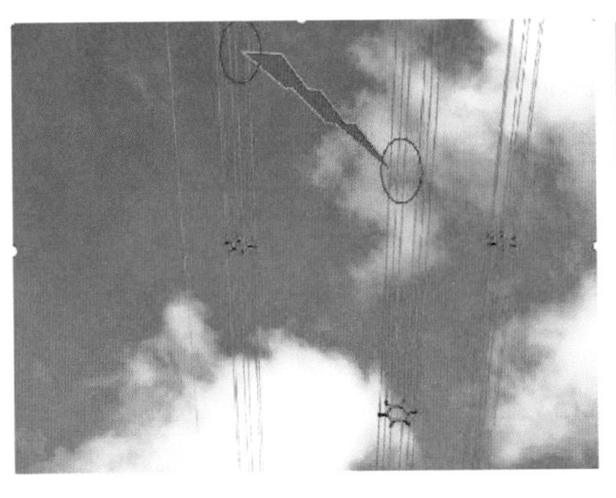

图 1-23 覆冰舞动跳闸放电通道

图 1-24 舞动导致相间间隔棒断裂

5. 风蚀

风蚀是一种发生在干旱、半干旱气候地区的一种风的侵蚀现象，由于风力和干燥土壤的作用，风蚀常发生于杆塔基础和水泥杆塔上。风蚀的主要形态为吹扬、跳跃、滚动、磨蚀和擦蚀。

（1）基础风蚀。在气候干燥，土地沙漠化严重的地区，处于沙地中的杆塔，常年受到大风作用造成基础磨蚀（风蚀严重），存在倒塔隐患。见图 1-25、图 1-26。

图 1-25 某±500kV 线路基础外露太高

图 1-26 某地区风蚀基础

（2）杆塔风蚀。输电线路水泥杆长期暴露在空旷地区，水泥杆表面也存在风蚀现象，主要体现在水泥杆表面出现麻面、裂纹等情况。严重时，水泥脱落露出钢筋，受外力作用后倾倒，见图 1－27。

图 1－27　风蚀水泥杆迎风面和背风面情况对比

6. 其他类型风害

（1）移动沙丘致杆塔倾斜。沙漠地区，单一风向作用下，沙丘顺风向不断移动的过程，称为移动沙丘，通常沙丘移动速度与风的频率和风速成正相关。在输电线路通道内，移动沙丘可覆盖杆塔基础与塔材，可能造成杆塔基础杆塔下端受力不均，严重时可造成塔材弯曲，甚至倒塔，见图 1－28、图 1－29。

图 1－28　某线路移动沙丘

图 1-29　某线路风致基础回填土不足

（2）移动沙丘致线路接地故障。在输电线路通道内，移动沙丘在导线下方时，在导线弧垂较大或沙丘较大的情况下，会造成导线对地空气间隙不足导致线路接地故障，危及线路正常运行。

（3）风致杆塔基础回填土不足。线路在运行中，杆塔基面长期受到大风的作用，造成基础回填土不足，按照相关规程要求应重新分层回填。

（4）接地体外露。在沙漠、戈壁等干旱地区，接地体在施工过程中埋设深度不满足设计要求时，长期大风的作用下，会发生接地极发露隐患，影响线路正常运行。

第三节　防风害的重要性和意义

输电线路运行经验表明，线路杆塔处于微风振动地区，特殊地形所遭受的阵风、山谷风、飑线风、台风会造成输电线路风偏跳闸、绝缘子和金具损坏、导地线断股和断线、倒塔等严重后果，对输电线路的安全运行产生严重影响。

输电线路受路径的影响，一般架设在山区，同时受地形限制，部分杆塔档距较大，长时间受风力作用使导线、金具已提前进入疲劳期，造成金具断裂、导线断股和断线事故频发。为此，提高输电线路抗风能力非常重要和迫切。输电线路防风害工作需要适时开展巡视、观测、隐患排查，同时还应提高线路抗风能力，预防风害的发生，健全应急体系，在发生风害后应立即开展应急处置，减小风害造成的损失。

第二章　风害特点及规律

风害造成的后果主要包括风偏、舞动跳闸和风致各类缺陷，风害对电网整体可靠性影响较大，同时造成经济损失，风致缺陷轻则发生导线、金具磨损，重则倒塔断线，严重影响线路正常运行。

第一节　风偏跳闸及导线舞动跳闸

2013—2020年，蒙东辖区所辖220kV及以上输电线路累计跳闸348次，其中风害跳闸61次（占比17%），覆冰舞动21次（占比6%），从故障次数来看，风害跳闸及导线舞动故障占比较高，见图2–1。

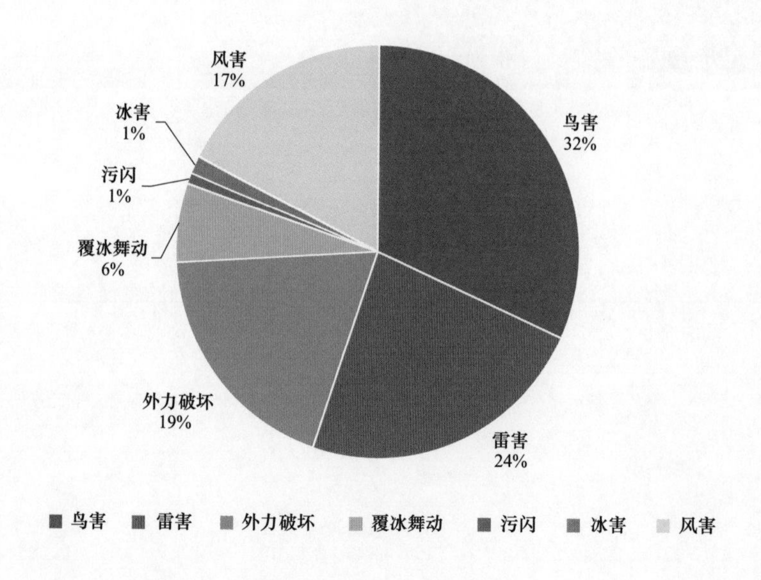

图2–1　蒙东辖区各类跳闸占比分布

1. 按电压等级统计

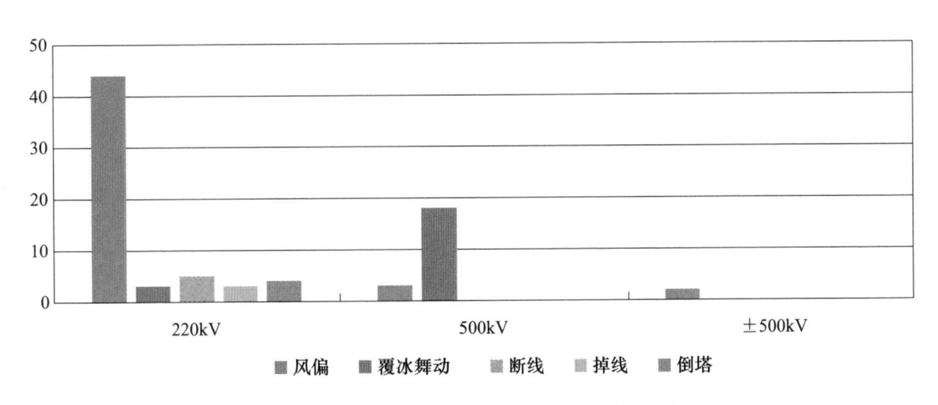

图 2-2　蒙东辖区风害统计（按电压等级划分）

2013—2020 年蒙东辖区 220kV 输电线路共发生风害 59 次（其中风偏跳闸 44 次，倒塔 4 次，断线 5 次，掉线 3 次，覆冰舞动 3 次），500kV 输电线路风害跳闸 21 次（其中风偏跳闸 3 次，覆冰舞动跳闸 18 次），±500kV 输电线路共发生风偏跳闸 2 次。

2. 按地区统计

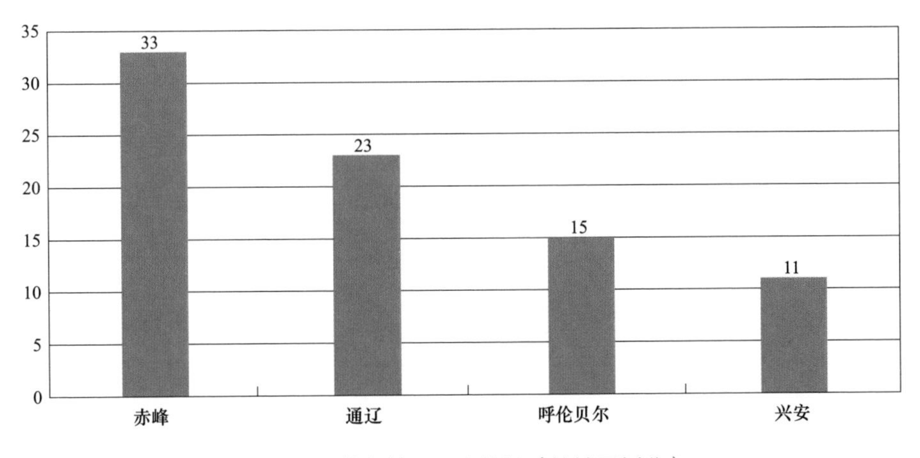

图 2-3　蒙东辖区风害统计（按地区划分）

按地区统计，赤峰地区发生风害跳闸 33 次，通辽地区 23 次，呼伦贝尔地区 15 次，兴安地区 11 次，赤峰地区是风害高发地。

（1）赤峰地区风害跳闸故障点分布。赤峰地区风害跳闸故障点分布，见图 2-4。

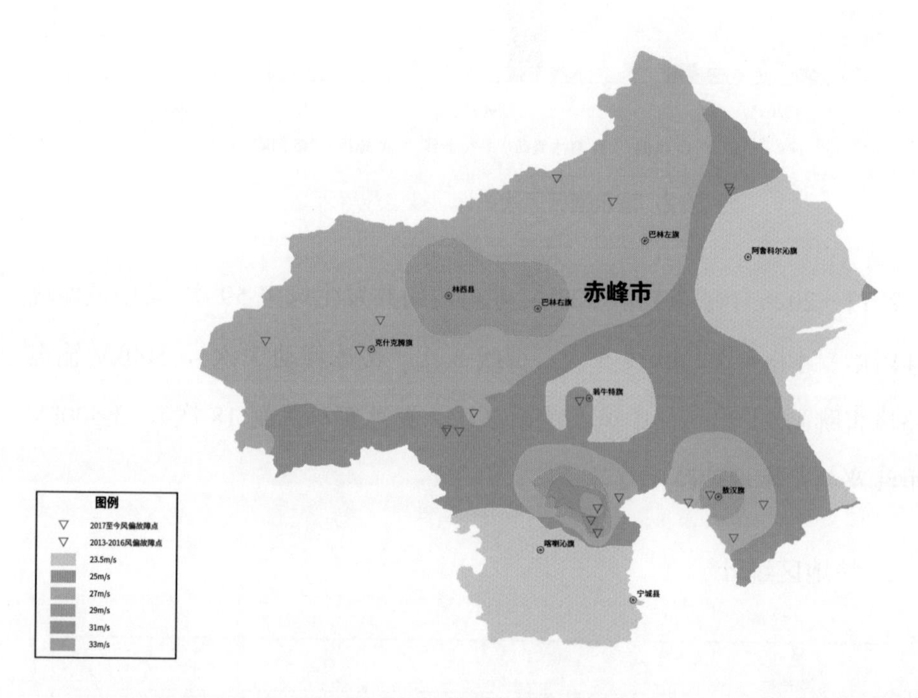

图 2-4　赤峰地区风害分布示意图

从图 2-4 可以看出，赤峰地区风害跳闸主要分布在赤峰西部和南部地区，元宝山区是风害跳闸发生的集中区域。

（2）通辽地区风害跳闸故障点分布。通辽地区风害跳闸故障点分布，见图 2-5。

从图 2-5 可以看出，通辽地区风害跳闸主要分布在中部地区和北部区域，主要集中在科尔沁区、舍伯吐、霍林河区域。

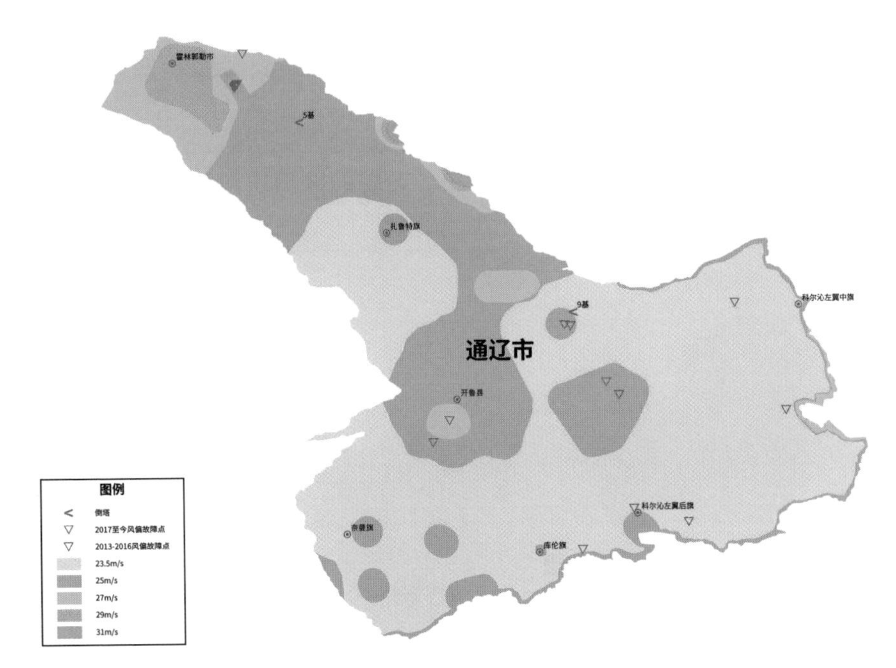

图 2-5　通辽地区风害分布示意图

（3）呼伦贝尔地区风害跳闸故障点分布。呼伦贝尔地区风害跳闸故障点分布，见图 2-6。

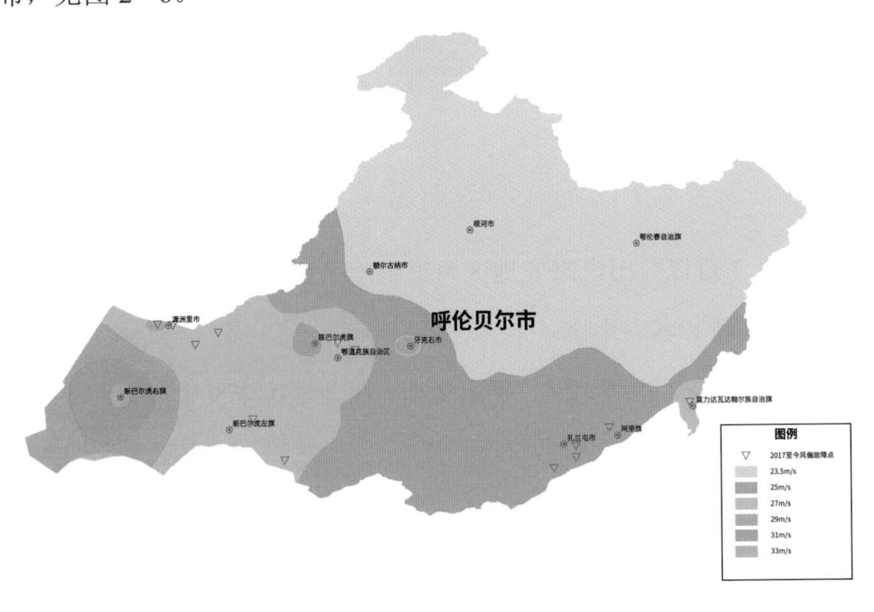

图 2-6　呼伦贝尔地区风害分布示意图

从图 2-6 可以看出，呼伦贝尔地区风害跳闸主要分布在西部和南部地区，集中在满洲里和扎兰屯。

（4）兴安地区风害跳闸故障点分布。兴安地区风害跳闸故障点分布，见图 2-7。

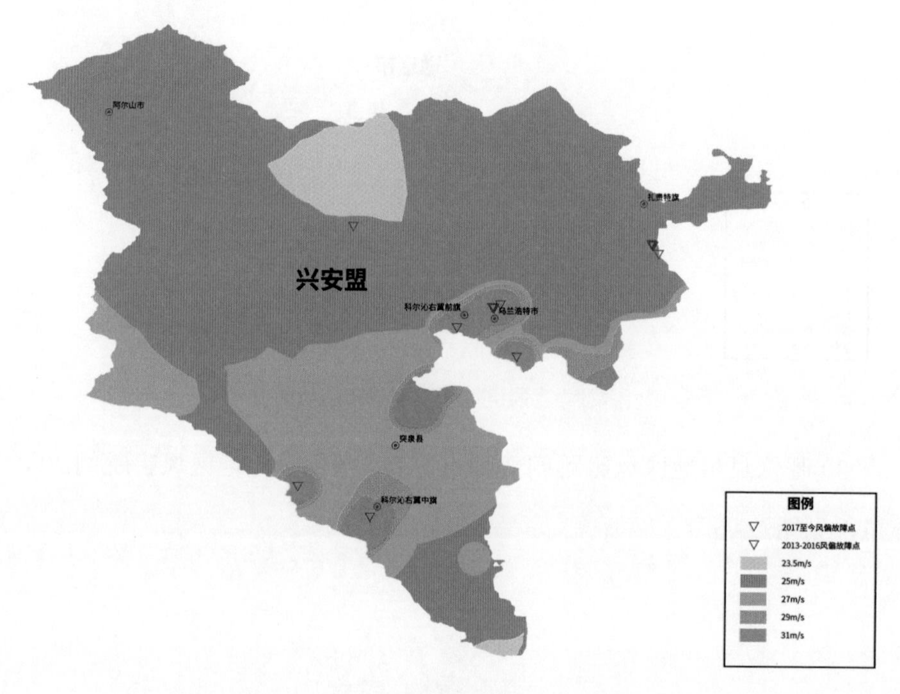

图 2-7　兴安地区风害分布示意图

从图 2-7 可以看出，兴安地区风害跳闸主要分布在中部和南部地区，集中在乌兰浩特和科右中旗。

（5）鄂尔多斯、锡盟地区。鄂尔多斯、锡盟地区未发生风害，不做详细说明。

3. 按年度统计

2013—2020 年输电线路风害跳闸统计，见图 2-8。

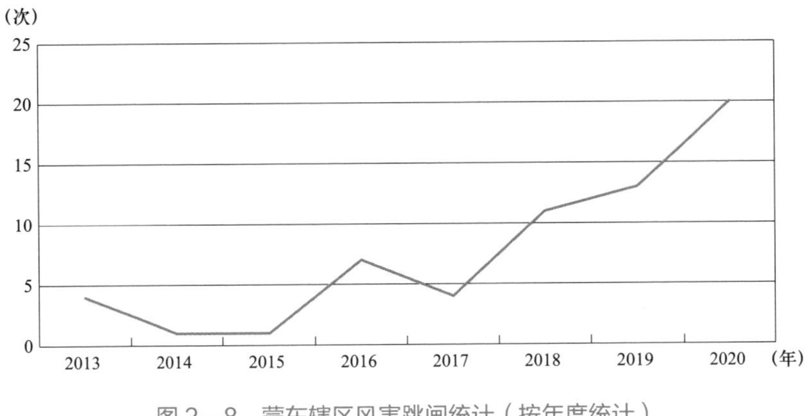

图 2－8　蒙东辖区风害跳闸统计（按年度统计）

从图 2－8 可以看出，蒙东辖区风害跳闸总体呈现逐年递增的趋势，且 2018 年以来增长趋势明显。

4. 按月份统计

风害跳闸按月份统计，见图 2－9。

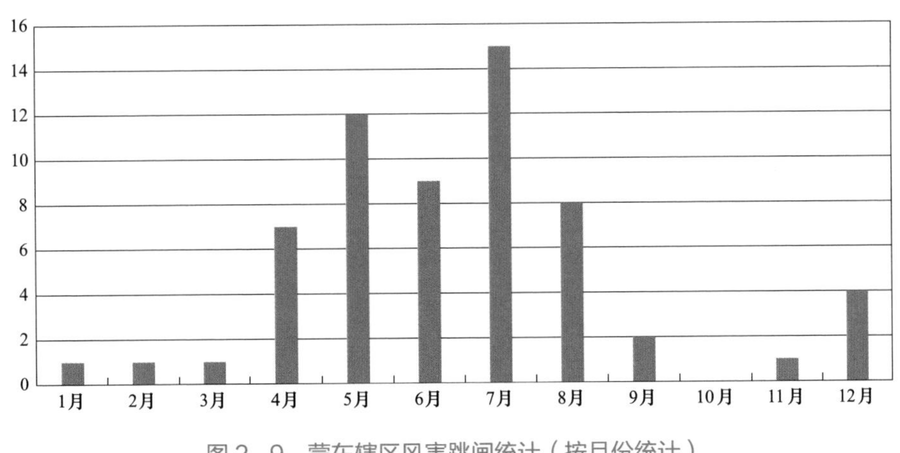

图 2－9　蒙东辖区风害跳闸统计（按月份统计）

从图 2－9 可以看出，蒙东辖区风害跳闸主要发生在 4—8 月份，7 月份是风害跳闸发生最多。

风偏跳闸趋势分析：2013—2015 年风偏故障时有发生，2016—2020 年急剧增加且突出表现为微气象区极端天气出现频繁，导致部分区域出现超线路设计风速的风偏故障。

在风害故障中，主要是风偏故障为主，约占总故障次数的 60%；导线舞动约占总故障次数的 25%；倒塔和断线以及掉线约占总故障的 15%，风害故障导致后果占比，见图 2－10。

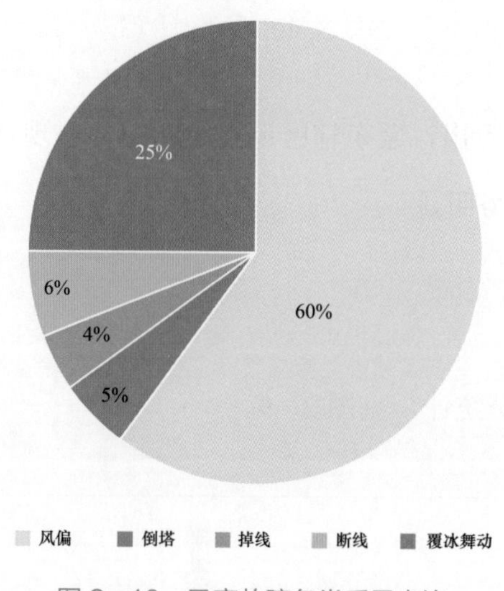

图 2－10　风害故障各类后果占比

第二节　风　致　缺　陷

1. 金具类

蒙东辖区金具类缺陷 2013—2020 年共发现缺陷 6673 项。金具类典型缺陷主要为保护类金具、接续金具、连接金具等：保护金具类缺陷主要为防振

锤滑移、歪斜、脱落、锈蚀以及间隔棒螺母、销针、胶瓦缺失等；接续金具类缺陷主要为并沟线夹螺栓松动及丢失；联接金具类缺陷主要为金具螺栓、销针锈蚀、变形及缺失；耐张线夹类缺陷主要为引流板螺栓松动、丢失及耐张线夹磨引流线等；悬垂线夹类缺陷主要为线夹螺栓松动、丢失，线夹销针锈蚀、安装不规范及丢失。

按电压等级分类：1000kV 缺陷 145 项，占该类缺陷总数的 2.17%；±800kV 缺陷 120 项，占该类缺陷总数的 1.79%；±500kV 缺陷 113 项，占该类缺陷总数的 1.69%；500kV 缺陷 840 项，占该类缺陷总数的 12.58%；220kV 缺陷 4046 项，占该类缺陷总数的 60.63%；110kV 缺陷 473 项，占该类缺陷总数的 7.08%；66kV 缺陷 429 项，占该类缺陷总数的 6.42%；35kV 缺陷 507 项，占该类缺陷总数的 7.59%。各电压等级缺陷占比，见图 2－11。

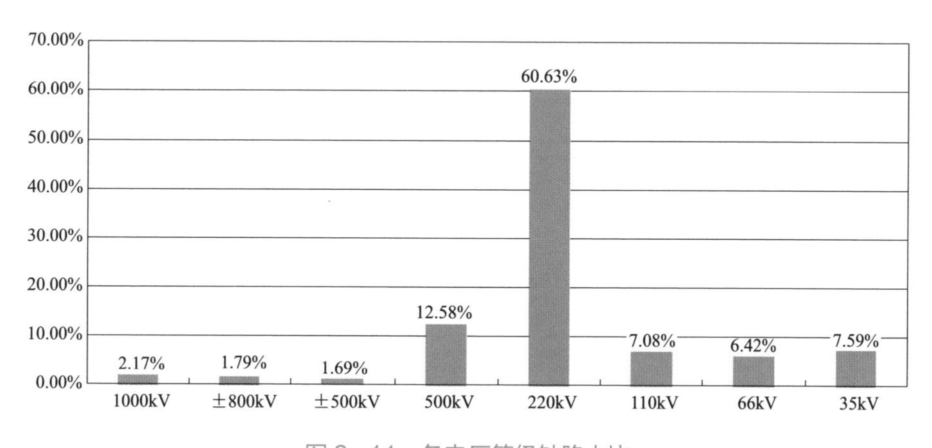

图 2－11　各电压等级缺陷占比

2. 导地线

蒙东辖区导地线类缺陷 2013—2020 年共发现缺陷 649 项。导地线类典型缺陷主要表现为：引流线磨塔材、悬挂异物、断股、锈蚀、交叉跨越间距不足等问题。引起导地线缺陷的主要原因是风力作用，风力的影响使引流线与塔材磨损，以及微风振动、导地线老化等造成的导地线断股。

按电压等级分类：1000kV缺陷34项，占该类缺陷总数的5.24%；±800kV缺陷13项，占该类缺陷总数的2.00%；±500kV缺陷11项，占该类缺陷总数的1.69%；500kV缺陷49项，占该类缺陷总数的7.55%；220kV缺陷393项，占该类缺陷总数的60.55%；110kV缺陷58项，占该类缺陷总数的8.93%；66kV缺陷40项，占该类缺陷总数的6.16%；35kV缺陷51项，占该类缺陷总数的7.85%。各电压等级缺陷占比，见图2-12。

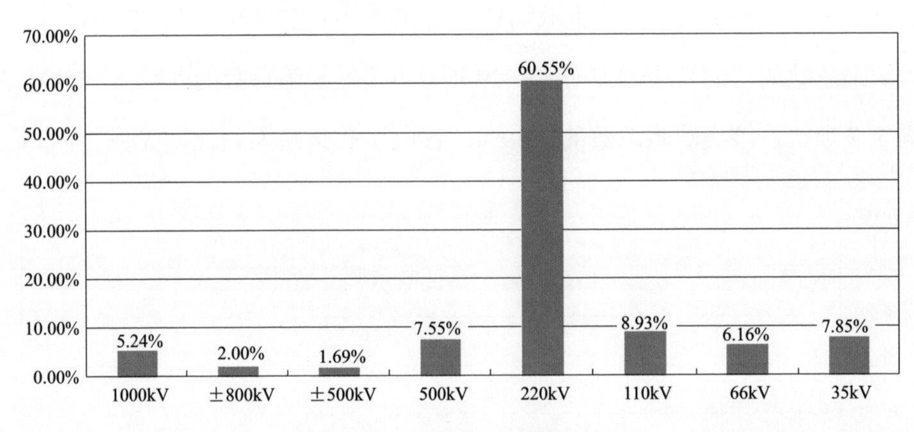

图2-12 各电压等级缺陷占比

第三章　风害预防及保障措施

第一节 气 象 监 测

气象数据主要来源于安装在杆塔上微气象监测装置、各地区的气象部门台站监测和自动气象站。

气象监测手段包括气象部门台站监测和输电线路气象监测站（点）监测。其中，输电线路气象监测站（点）包括自动气象站和微气象监测装置。

1. 气象部门台站监测

随着人们对气象观测的重视，气象站的应用也越来越广泛，如今在农业、林业、电力等众多行业中都能看到它的身影。在不同的领域使用，气象站搭配的传感器不同，电力行业主要有气象雨量站、雨水情监测站、多要素气象站等。

运维单位要与气象部门建立合作关系，加强对电力气象资料的收集、整理和研究，重点收集气象站大风日、极大风速、最大风速、风向等数据，了解当地的地形和气候特点。

大风：气象上，瞬时风速达到或超过 17.2m/s（或目测估计风力达到或超过 8 级）的风为大风。

大风日：有大风出现的一天称为大风日。

极大风速：给定时间段内的瞬时风速的最大值。

最大风速：给定时间段内的 10min 平均风速的最大值。

2. 自动气象站监测

自动气象站是一种能自动观测和存储气象观测数据的设备。自动气象站的布点原则参考如下：

（1）在规划特高压、超高压重要输电通道内存在以下特殊区域时，宜设立自动气象站。

1）在风口、垭口、分水岭、山顶突出处、迎风坡、宽阔水面等微地形区域；

2）在高温、大雾、大风、暴雨、低温等微气象区；

3）在通道周边 90km 范围内无国家基本或一般气象站的行政区域交界、人烟稀少、高山大岭等地区；

4）通道附近线路因气象因素导致故障（如风偏、导线断股）频发的地区。

（2）在已建特高压、超高压重要输电通道内存在（1）所述特殊区域时，可根据实际需要设立自动气象站。

（3）原则上在同一通道的同一区域（指地理条件相似、气候条件相似的同一地区）内设立一个自动气象站。

（4）自动气象站一般设在线路所在地最多风向的上风方。

（5）自动气象站场地四周宜空旷平坦，尽量避免建在邻近有铁路、公路、工矿、烟囱、高大建筑物的地方，尽量避开大气污染严重地方。

（6）处于地广人稀的地区，可采用网格化布置，具体网格面积可根据实际情况进行调整。

3. 微气象监测

输电线路微气象监测装置主要用于监测输电线路走廊局部和现场的微气象情况。装置可以对以下气象参数进行监测：风速、风向（包括瞬时值、十分钟平均值、最大值和极大值）、环境温度、相对湿度、降水强度（一般为每小时雨量）、大气压。装置将采集到的各种气象参数及其变化状况，通过无线或有线网络实时地传送到后台服务器，由监控中心的智能分析系统对采集到的数据进行统计与分析。

（1）监测装置布点原则。

1）微气象在线监测装置应结合输电线路状态需求，分区域选择典型线路、重点对风速、风向、气温等气象参数，开展在线监测。

2）同一走廊多条线路或线路参数、环境条件相似地地区应统筹考虑，避免重复安装。

3）在规划特高压、超高压重要输电通道或在已建特、超高压、重要输电通道内存在以下特殊区域时，应优先考虑自动气象站，若不满足设立条件，可根据实际需要安装微气象监测装置。

a）在风口、垭口、分水岭、山顶突出处、迎风坡、宽阔水面等微地形区域；

b）在高温、大雾、大风、暴雨、低温等微气象区；

c）在通道周边 90km 范围内无国家基本或一般气象站的行政区域交界、人烟稀少、高山大岭等地区；

d）通道附近线路因气象因素导致故障（如风偏、导线断股）频发的地区。

4）以下特殊区域应加强微气象监测。

a）曾经发生过风偏故障等地区的塔位，安装微气象等在线监测装置。

b） 处于垭口、河谷地形等典型微地形微气象区的输电杆塔，安装微气象等在线监测装置。

5） 处于地广人稀的地区，可采用 10×10 网格化布置，具体网格面积可根据实际情况进行调整。

（2）微气象监测装置组成。装置主要由电源系统（太阳能板）、主机箱、气象参数采集单元（微气象传感器、风气象传感器）等组成，装置通过通信主站将监测数据传到监控中心。

气象参数采集单元的主要功能是采集输电线路现场气象参数，然后通过总线将数据上传给主控单位。

第二节　大风监测预警及预防

1. 风害监测及预警

各级管理部门负责组织开展风害监测及预警，提供风害风险信息，提前获得风险数据。运维单位在风害多发期，加强与气象部门的沟通联络，掌握大风季节性活动趋势，对出现的风灾做到早防范。

2. 风害预防

在风灾多发期，应密切注意政府相关部门发布的风灾预报，加强对所属电网设施设备的巡查，掌握灾情，及时上报管理部门及应急办公室。

各运维单位管理部门、应急办公室应与政府有关部门建立相应的风灾及次生、衍生灾害监测预报预警联动机制，实现相关灾情、险情等信息实时共享。

3. 报告程序

通过风险监测和突发事件预测分析，若发生重大、特别重大突发事件的概率较高，相关单位应及早采取预防和应对措施，并及时向上级有关职能管理部门和政府相关部门报告。

第三节　风区分级与风区分布图使用方法

1. 基本风速

按空旷平坦地面上 10m 高度处 10min 时距，平均的年最大风速观测数据，经概率统计得出 100（50，30）年一遇最大值后确定的风速。

2. 风区分级标准

根据输电线路设计要求，风速按 23.5、25、27、29、31、33、35、37、39、41、43、45、50m/s，＞50m/s 分为 14 个等级，基本风速小于 23.5m/s 时统一按 23.5m/s 考虑。

3. 风区分布图绘制方法

风区分布图的绘制是按照《风区分级标准和风区分布图绘制规则》的

规定，以极值Ⅰ型分布函数计算各气象站10m高度，重现期为30、50年和100年的10min平均的最大风速为基础数据，利用ArcGIS绘图软件，采用反距离权重插值法，分别绘制了重现期为30、50年和100年电网风区图。

风区分布图绘制流程，见图3－1。

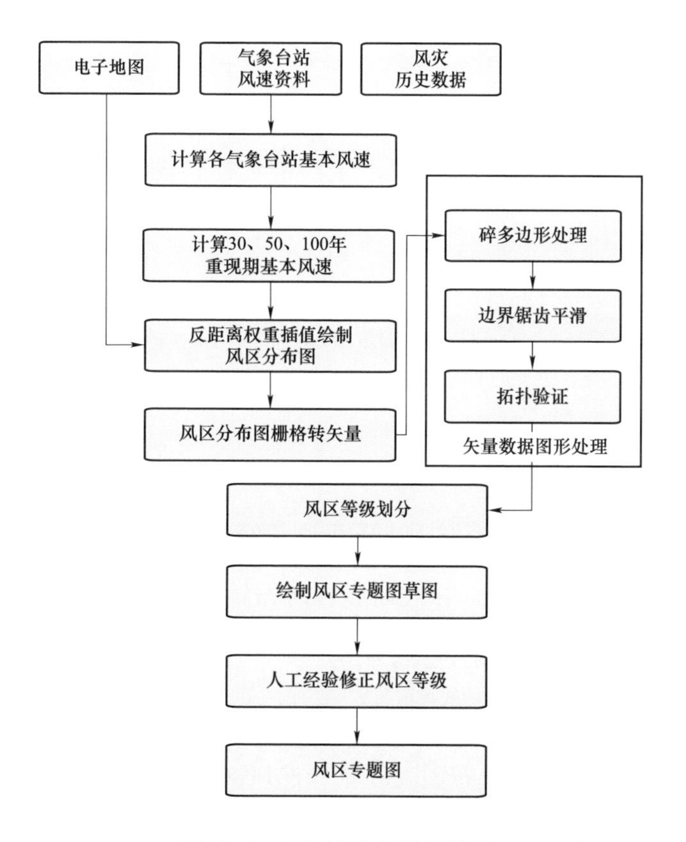

图3－1　风区分布图绘制流程

其中最关键的环节为气象资料收集、线路运行状态信息收集，这些基础数据是作图的主要依据，因此运维单位要加强与气象部门的联系，定期备份气象数据；在线路巡视时，要做好微地形、微气象的台账管理，了解线路每个区段所处的地形情况，做好线路故障信息的收集工作。

4. 风区分布图使用方法

风区分布图分为30年一遇、50年一遇和100年一遇，330kV及以下电压等级的线路，使用30年一遇风区分布图；500kV、±500kV、750kV电压等级的线路，使用50年一遇风区分布图；特高压线路，使用100年一遇风区分布图，风区分布图一般每3年更新一次。

设计阶段：设计单位要根据对应的风区分布图，出具线路设计图纸，线路尽可能绕过风速较高的区域，无法避让的，要在施工阶段做好防范措施，运行单位核实设计单位出具的铁塔设计风速是否满足风区分布图要求。

验收阶段：验收时，严格检查铁塔设计风速是否满足风区分布图要求，不满足要求的及时整改。

运维阶段：运维单位在制定巡视及检修计划时，对处于不同等级风区的线路要开展差异化运维，对于处于风速等级较高的区域要增加巡视次数，仔细检查是否有金具受损、导线断股、防振锤偏移等情况，做好气象数据收集，完善风区分布图基础数据。

以蒙东辖区风区分布图为例：

（1）30年一遇风区分布图。30年一遇风区分布图风速等级主要集中在23.5m/s、25m/s、29m/s三个等级，共达到88.21%，其中25m/s占比最高，达到34.76%。29m/s等级以上的主要分布在呼伦贝尔西部新巴尔虎右旗附近区域，兴安地区科尔沁右翼前旗部分区域，赤峰东北部巴林右旗附近区域，通辽北部220kV高右线部分区段途径区域，锡林浩特阿巴嘎旗、苏尼特左旗、二连浩特附近区域及鄂尔多斯西部，各等级占比情况，见图3-2。

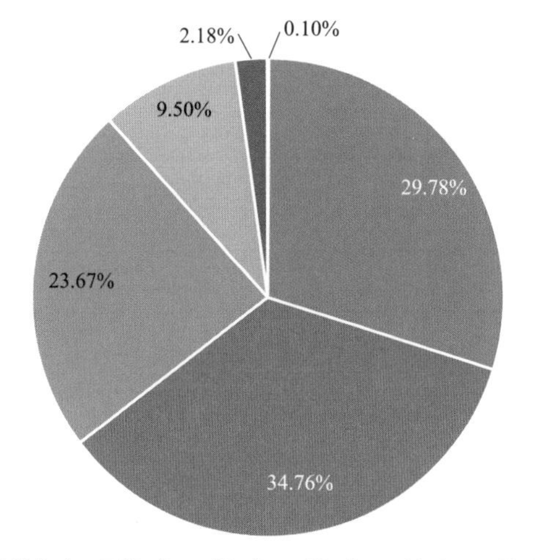

图 3–2　30 年一遇风区分布图各等级面积占比情况

（2）50 年一遇风区分布图。50 年一遇风区分布图风速等级主要集中在 25m/s、27m/s 两个等级，共达到 62.39%，其中 27m/s 占比最高，达到 37.65%。29m/s 等级以上主要分布在呼伦贝尔西部（新巴尔虎左旗以西）、兴安南部突泉 220kV 变电站和右中 220kV 变电站附近区域，通辽北部 220kV 高右线部分区段途径区域，赤峰北部巴林右旗和巴林左旗附近区域，锡林浩特阿巴嘎旗、苏尼特左旗、二连浩特附近区域及鄂尔多斯西部地区。各等级占比情况，见图 3–3。

（3）100 年一遇风区分布图。100 年一遇风区分布图风速等级主要集中在 27m/s、29m/s 两个等级，共达到 63.61%，其中 29m/s 占比最高，达到 35.48%。29m/s 以上主要分布在呼伦贝尔乌奴耳 110kV 变电站以西、兴安除了 220kV 德伯斯变电站附近区域外，通辽开鲁 220kV 变电站、甘旗卡 220kV 变电站附近，赤峰巴林左旗、巴林右旗、敖汉旗、城东 220kV 变电站附近区域、锡林浩特阿巴嘎旗、苏尼特左旗、二连浩特附近区域、鄂尔多斯鄂托克旗以西、准格尔旗、乌审旗附近区域。各等级占比情况，见图3－4。

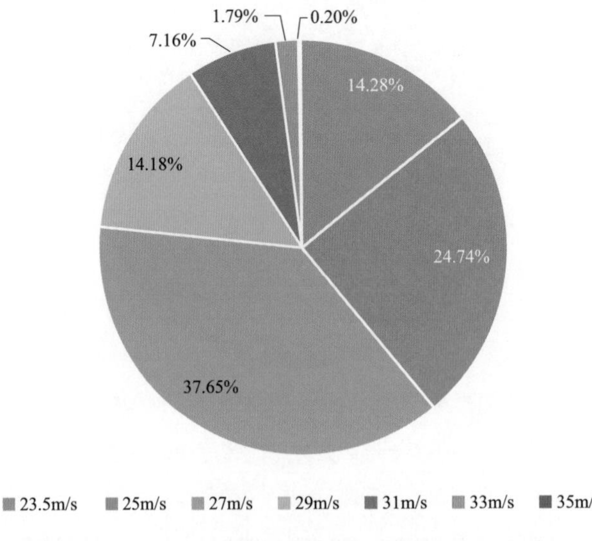

图3－3 50年一遇风区分布图各等级面积占比情况

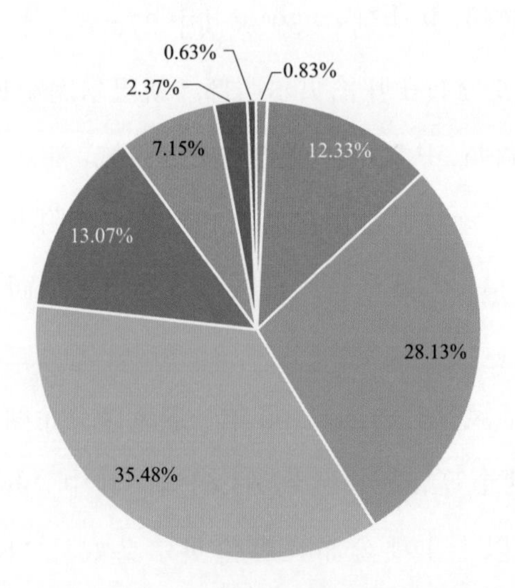

图3－4 100年一遇风区分布图各等级面积占比情况

对处风速较高等级区域的线路，运维单位要重点巡视，检查线夹导线处是否有断股，金具是否有磨损，螺丝是否有松动等，并根据最新版风区

图校验线路设计风速是否满足要求，对于不满足要求的区段制定整改计划，同时引用防风新技术，提高线路抗风能力。

第四节 防风运维管理

架空输电线路防风害工作由省级专业部门归口管理，各级运检部门分级负责，电科院提供技术支撑，地市级运维单位具体实施，地方政府相关部门为线路防风害工作的协作单位。

1. 组织架构（见图 3–5）

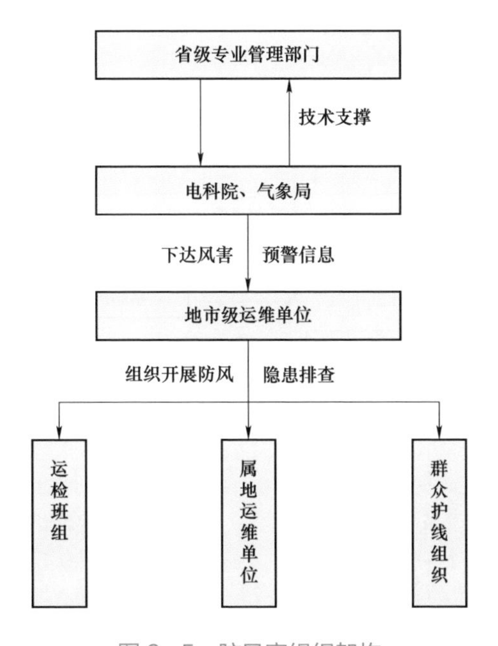

图 3–5 防风害组织架构

2. 风害处置工作流程

风害处置由基层运维单位发起，报告风害突发事件，地市专业管理部门收集事件报告并汇总，之后交由省级专业管理部门确定事件等级，最终省级专业管理部门根据事件等级启动不同应急响应，详细流程见图 3-6。

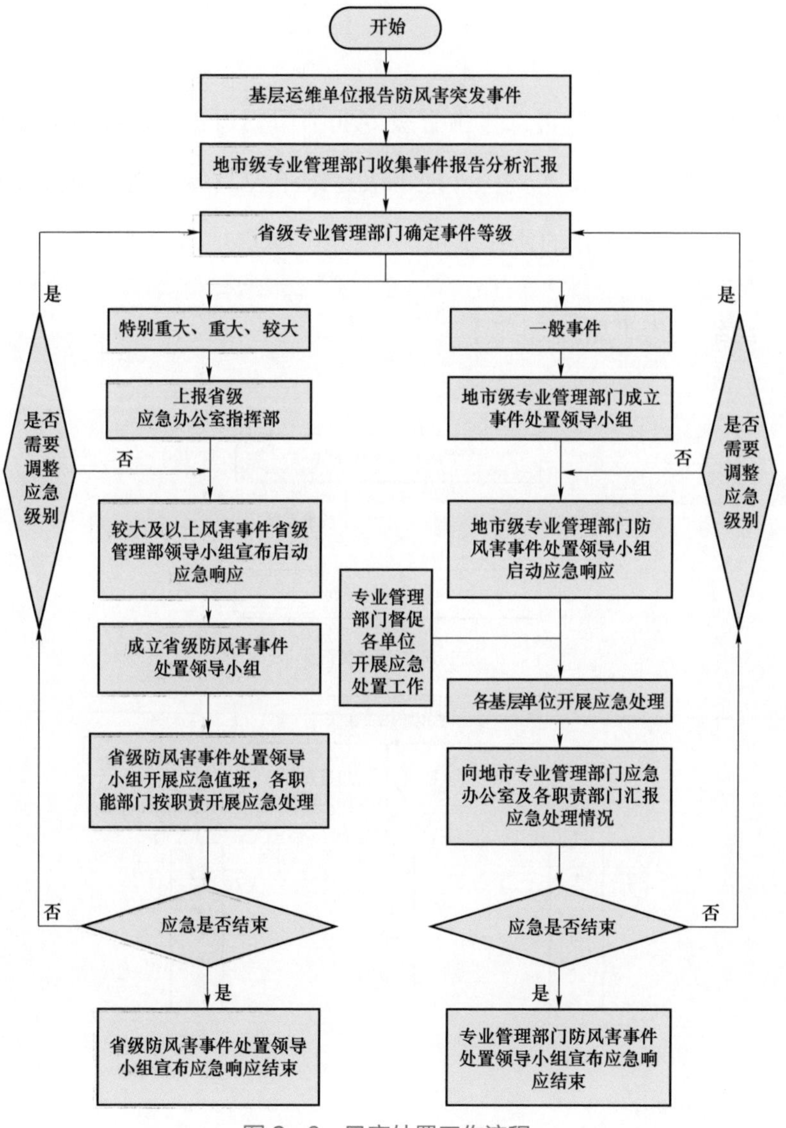

图 3-6　风害处置工作流程

3. 日常工作要求

各级管理部门加强与气象部门合作，建立与气象局、经信委等政府部门的常态联系机制，充分发挥已有输电线路气象监测站的作用，提前获取气象信息，收集局部地区的气象资料，了解当地的地形和气候特点，密切监测大风灾害风险，加强气象资料信息的收集和整理工作，落实风险预控措施，风灾发生后，在省级专业管理部门及政府部门的协调下，快速开展灾后恢复工作。

各级管理部门和运维单位应参加新（改）建线路可研和初设评审，督促设计单位按照风区分布图选择线路路径，尽量避开强风地区和风口、垭口等微地形区域。运维单位应把好线路工程验收关，严格执行线路验收标准，检查防风害反事故措施的落实情况。对于强风地区、微地形微气象区域以及发生过风害故障的地区应落实防风害反事故措施。

构建以运维专业护线为主，属地公司、群众护线为辅的三级护线机制，建立护线网络，对处于微气象区域的杆塔落实护线人员，适当提高巡视频次，根据政府、气象部门公布的风害预测信息及时开展特巡。

运维单位应持续完善电力专用和公用通信网络，建立有线和无线相结合、基础公用网络与机动通信系统相配套的应急通信体系，确保应急处置过程中通信畅通。

各级管理部门与当地政府、气象部门建立联动机制，实现对恶劣天气的中、短期预报；与当地大型设备租赁公司建立联络机制，发生故障后保证大型作业设备能够及时抵达事故现场开展抢修作业，充分发挥联络机制作用。

4. 防风害工作总结

运维单位应对本年度防风工作开展情况进行全面总结，在做好气象数据收集的基础上，首先统计好本年度所发生的风致灾害，其次对本年度开展的防风工作成效进行总结分析，最后通过风致灾害案例分析结果和本年度防风成效制定下一年防风工作计划。省级专业管理部门组织电科院汇总、整理各单位报送的年度防风工作总结，编写省级年度防风工作总结，由省级专业管理部门审核，最终形成省级年度防风工作总结，并对现有防风技术进行分析，明确现行防风技术的优势和劣势，不断提高防风技术的有效性、可靠性。

第五节　人员、物资及设备保障

1. 应急队伍

按照“平战结合、快速反应”的原则，建立健全应急队伍体系，加强应急抢修救援队伍、应急救援基干队伍、应急专家队伍建设和管理，做到专业齐全、人员精干、装备精良、反应快速。逐步建立社会应急抢修资源协作机制，持续提高突发事件应急处置能力。

建立省级电力公司应急专家库，加强专家之间的交流和培训，为应急抢修和应急救援提供技术支撑；加强应急技能培训，提高应急装备水平，定期开展应急演练；掌握社会专业应急队伍救援信息，加强与社会救援力量及其

他单位应急救援队伍的联动协调，提高协同作战能力，紧急情况下请求支援。

2. 应急物资及设备保障

运维单位应建立健全突发事件的应急物资储存、调拨和紧急配送机制，在各地市建立应急物资储备中心，配备应对突发风害事件应急所需的各类救灾装备和电力抢险物资，确保应急处置需求。

此外，运维单位还应制定应急物资及设备定额，做好应急物资需求计划的汇总、报送和相关管理工作；物资部门负责应急物资采购、装备采购、仓储、配送等管理工作，建立保管、保养、维护、更新、动用等审批管理制度，确保应急物资随时处于临战状态，突发事件发生时，按应急领导小组要求负责向物流中心下达配送指令，保证应急物资快速到达现场。

管理部门应对各单位现有各类应急物资（包括备品备件、物资等应急处置物资）进行普查和有效地整合，统筹规划应急处置所需物资的调配，建立应急物资统一台账，储存量及储存来源应满足应急抢修的要求。

应急物资储备本着“品质可靠、供应及时、距离就近”的原则，日常加强应急抢修物资及备品备件维护，指定专人负责，实施应急物资信息化管理，分类摆放，定期检验，消耗后及时补充，完善应急储备物资的收货、入库、保管、出库工作。

3. 应急作业工具

运维单位应定期组织对安全工器具、施工机具、电气工器具等进行检查，保证试验合格，并按照规定数量配置，配置不满足要求的及时补充，安全员对本部门的工器具定期进行检查，工器具必须严格遵守使用规定，实行定人、定点、定位妥善管理，严禁移作他用。

工器具管理制度应建立健全，合理分类、整齐摆放、清晰标示、做到账卡物对应，做好工器具日常管理维护工作，做好工器具入库、保管、出库工作，掌握各类工器具使用状态，保证工器具配额满足要求，作业工器具配额标准参考表 3-1，作业工器具即拿即用。特大型抢修作业工器具一般都由省应急管理部门调配。

表 3-1　　××单位安全工器具标准配置表（仅供参考）

专业：送电专业　　班组名称：500kV 运检班

序号	安全工器具名称（单位）	电压等级（kV）	数量	备 注
一、基本绝缘工器具				
1	伸缩式验电器（只）	500	4	
2	线式验电器（只）	500	4	
3	短路接地线（根）	500	12	
4	抛挂式接地线（根）	500	8	6m × 50mm²，接地线截面积应根据当年系统最大运行方式下最大短路电流值进行选取
5	抛挂式接地线（根）	500	4	11m × 50mm²，同上
6	个人保安线（根）	500	10	11m × 16mm² 抛挂式
7	个人保安线（根）	500	10	6m × 16mm² 抛挂式
8	个人保安线（根）	500	10	1m × 16mm² 钩式
二、辅助绝缘安全工器具				
1	绝缘手套（双）	12	4	
2	绝缘靴（双）	30	4	
三、一般防护安全工器具				
1	安全帽（顶）		每人 1 顶	
2	棉安全帽（顶）		每人 1 顶	
3	安全带（条）		每人 1 条	全方位型，双保险
4	防静电服（套）		每人 2 套	包括服装、手套；棉、单服装各 1 套
5	导电鞋（双）		每人 2 双	棉、单导电鞋各一双
6	速差自控器（只）		每人 1 只	15m 长度
7	急救箱（个）		2	配有合格、足够的急救药品
8	安全工器具柜（个）		3	智能柜：1 个，普通柜：2 个

4. 应急车辆配置

各级管理部门应根据所辖线路所处地形地貌，结合风区分布图，合理配置特种作业车辆。原始森林、沼泽地及普通车辆难以到达地区应配备全地形应急抢修车辆，以保证风害预警期间能够开展特巡及抢修。

第六节　培 训 与 演 练

1. 培训工作

各级管理部门每年结合风区分布图和当地地形地貌，有针对性地编制风害现场应急预案，并下发至各基层单位组织学习，确保全员掌握。全员应熟知事故应急处理的职责、程序和步骤，确保预案的迅速实施，培训工作应确保全员掌握事故隐患辨识和安全生产事故应急救援技能，提高在不同情况下实施救援和协同处置的能力。

各级管理部门定期组织基层人员开展输电线路防风害专项培训工作，提高基层班组人员的技术水平，掌握风害的种类、机理、预防措施，为现场防风害实际工作捋顺思路，让基层人员明确现场防风害工作重点，确保防风害工作圆满完成。

2. 应急演练

应急演练应结合实际，有计划、有重点、分层次开展，同时积极参加地方政府组织的联合演练，建立电力应急联动机制，提高社会应对突发大风灾害事件的能力。

各级管理部门有针对性地编制风害倒塔断线演练方案，制定可靠的安全措施，组织开展大风灾害事件应急演练，并做好演练总结和评估工作，每年至少举行 1 次，增强应急处置的实战能力。

各运维单位定期开展人员急救演练，全员掌握心肺复苏急救方法，对发生人员触电、意外伤情可迅速开展急救，见图 3－7～图 3－9。

图 3－7　应急照明指挥系统演练

图 3－8　倒塔断线应急演练

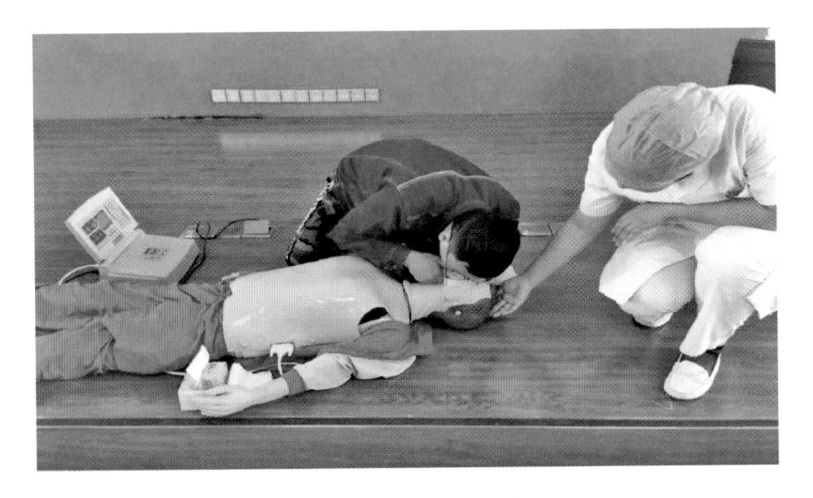

图 3-9　紧急救护演练

第四章　隐患排查

为保证输电线路安全稳定运行，避免因风害引起线路跳闸，提高设备本质安全，应定期开展风偏校核和风害隐患排查工作。

风偏校核主要从直线塔摇摆角临界曲线计算和绘制摇摆角临界曲线出发，最后根据校核结果，排查出有风偏隐患的杆塔。

隐患排查主要分为：风偏跳闸隐患排查、绝缘子和金具损坏隐患排查、振动断股和断线隐患排查、杆塔损坏隐患排查、防风拉线损坏隐患排查五大类，见表 4－1～表 4－5。

第一节　风偏跳闸隐患排查

风偏跳闸隐患排查主要从区段划分、线路技术参数收集、绝缘子串摇摆角校核、边线风偏对边坡的净空距离检查等方面开展，详见表 4-1。

表 4－1　　风偏跳闸隐患排查

排查项目	排查内容	备注
区段划分	根据电网风区分布图，结合线路设计气象条件，排查出设计风速不满足风区分布图要求的线路区段	
收集线路技术参数	根据现有设备参数计算出杆塔最大计算摇摆角，绘制摇摆角临界曲线，对照每基塔绝缘配置和实际水平档距，计算出最大弧垂时的临界垂直档距	排查线路临界垂直档距与实际垂直档距差值为负，则该塔存在风偏隐患
绝缘子串摇摆角校核	风速值应较一般地形区适当增加，可按一般地形区风速增加 10%。风压不均匀系数 α 取值：跳线取值为 1.0；导线根据设计基本风速选取，按照水平档距校核。 当水平档距小于 200m 时取 0.8，档距大于 550m 时取 0.61，水平档距在 200～550m 之间风压不均匀系数采用下式计算：$\alpha=0.50+60/LH$ 式中：LH 为水平档距（m）	220kV×× 线杆塔间隙校验、绝缘子串摇摆角校核案件（见附录）

续表

排查项目	排查内容	备注
检查边线风偏对边坡的净空距离	排查线路路径处于主风向迎风坡山麓、山坡或山脊上，线路基本与主风向垂直；远处平坦开阔，靠近线路地形逐渐隆起并收缩成喇叭筒形状。对于位于上述地形的线路区段，应重点排查地形区内线路走向与主导风向的夹角	被检查的危险点应计算得出结果（计算方法见附录）
结合线路运行经验，重点对以下情况进行排查	1. 排查新建线路设计是否结合已有的运行经验确定设计风速。 2. 排查 110～220kV 架空线路 40° 以上转角塔的外侧跳线是否采用双联绝缘子串并加装重锤；小于 20° 转角塔，两侧是否均加挂单串跳线串和重锤。 3. 排查 330～750kV 架空线路 40° 以上转角塔的外角侧跳线串是否使用双串绝缘子并加装重锤；15° 以内的转角内外侧是否均加装跳线绝缘子串（包括重锤）。 4. 排查峡谷风道、抬升型地形、迎风坡、水边、山脊等微地形微气象区域的线路，当线路经过上述地形时，应避免与主导风向垂直，提高线路抗风能力，设计方案应进行专题论证。 5. 加强山区线路大档距的边坡及新增交叉跨越的排查，通道内有无影响线路风偏的树木及障碍物。 6. 排查并校验导线与地线之间的距离在大风条件下是否满足要求。 7. 对新增交叉跨越物进行风偏校验，排查不满足要求的线路。 8. 线路风偏故障后，重点排查导线、金具、铁塔等受损情况并及时处理受损部件。 9. 更换不同型式的悬垂绝缘子串后，应对导线风偏角重新校核	运检单位应根据实际情况及风区分布图确定所辖线路特殊区段，建立台账，制定运维计划，建立隐患排查记录和建立隐患排查档案

第二节　绝缘子和金具损坏隐患排查

绝缘子和金具损坏隐患排查主要从区段划分、线路技术参数收集、绝缘子串型及金具选型等方面开展，详见表 4-2。

表 4－2　　绝缘子和金具损坏隐患排查

排查项目	排查内容	备注
区段划分	根据电网风区分布图，结合线路设计气象条件，排查出线路风害严重区段	风害隐患排查表见附录

续表

排查项目	排查内容	备注
结合线路运行经验，重点对以下情况进行排查	1. 加强大风恶劣天气后的输电线路绝缘子和金具的排查；加强巡视排查，定期抽查不同地区、不同环境运行中的绝缘子，对其进行拉力、电气性能和绝缘老化试验。 2. 风振严重区域的导地线线夹、防振锤和间隔棒是否选用加强型金具或预绞式金具。 3. 排查按照承受静态拉伸载荷设计的绝缘子和金具，应避免在实际运行中承受弯曲、扭转载荷、压缩载荷和交变机械载荷而导致断裂故障。 4. 加强对导、地线悬垂线夹承重轴磨损情况的排查，导地线振动严重区段应按 2 年周期打开排查，磨损严重的应予更换。 5. 应认真排查锁紧销的运行状况，特别应加强 V 串复合绝缘子锁紧销的排查。 6. 加强复合绝缘子护套和端部金具连接部位的排查，端部密封破损及护套严重损坏的复合绝缘子应及时更换。 7. 排查强风区复合绝缘子的选型是否合理，排查风振严重区域的导地线线夹、防振锤和间隔棒是否选用加强型金具或预绞式金具。 8. 加强大风恶劣天气后的输电线路绝缘子和金具的排查；加强巡视排查，定期抽查不同地区、不同环境运行中的绝缘子，对其进行拉力、电气性能和绝缘老化试验	运检单位应根据实际情况及风区分布图确定所辖线路特殊区段，建立台账，制定运维计划，建立隐患排查记录和建立隐患排查档案见附录
收集线路技术参数	委托设计单位校核出对绝缘子和金具强度，排查校核结果不满足要求的绝缘子和金具	校核方法见附录
排查绝缘子串型及金具	1. 排查绝缘子串型等是否满足风偏设计要求；金具种类的选用应考虑整串受力合理。 2. 排查重要跨越处：如铁路、高等级公路和高速公路、通航河流以及人口密集地区，悬垂串宜采用独立挂点的双联悬垂绝缘子串结构。 3. 排查在山区线路中，垂直档距往往大于水平档距较多，须对绝缘子串所受荷载进行校核	1. 重要交叉跨越表见附录。 2. 绝缘子串所受荷载校核方法见附录

第三节　振动断股和断线隐患排查

振动断股和断线隐患排查主要从区段划分、线路技术参数收集方面开展，并结合线路运行经验，重点排查线夹出口处、悬点处架空线疲劳破坏等情况，详见表 4－3。

表 4-3　振动断股和断线隐患排查

排查项目	排查内容	备注
区段划分	根据电网风区分布图，结合线路设计气象条件，排查出线路微风振动区段	排查出线路微风振动区段
收集线路技术参数	委托设计单位、电科院对导地线进行防振核算，排查出校核结果不满要求的线路区段	校核方法见附录
结合线路运行经验，重点对以下情况进行排查	1. 排查线夹出口处的架空线疲劳破坏情况。 2. 排查悬点处架空线疲劳破坏情况。 3. 排查线路是否采取防振措施。架空线微风振动的强度超过允许水平（如疲劳寿命 40 年）时，必须采取防振措施降低动弯应力和振动持续时间，以保护线夹出口处的架空线。 4. 排查 700m 及以上档距段线路的运行管理，应按期进行导地线测振，排查监测动、弯应变值是否超标	运检单位应根据实际情况及风区分布图确定所辖线路特殊区段，建立台账，制定运维计划，建立隐患排查记录和建立隐患排查档案见附录

第四节　杆塔损坏隐患排查

杆塔损坏隐患排查主要从区段划分、线路技术参数收集方面开展，并结合线路运行经验，重点排查杆塔塔材有无缺失或变形，螺栓有无缺失或松动，杆塔基础有无损伤、风蚀，附近是否有移动沙丘等，详见表 4-4。

表 4-4　杆塔损坏隐患排查

排查项目	排查内容	备注
区段划分	据电网风区分布图，结合线路设计气象条件，排查出设计风速不满足风区分布图要求的线路区段	
收集线路技术参数	如杆塔适用的地形特点，海拔高度，设计风速，导地线参数，杆塔呼称高度，水平档距、垂直档距等。委托设计单位对杆塔进行风荷载核算，排查出不满足要求的杆塔	核算方法见附录
结合运行经验重点对以下情况进行排查	1. 检查杆塔塔材有无缺失或变形，螺栓有无缺失或松动。 2. 检查杆塔基础有无损伤、风蚀，杆塔附近是否有移动沙丘	运检单位应根据实际情况及风区分布图确定所辖线路特殊区段，建立台账，制定运维计划，建立隐患排查记录和建立隐患排查档案

第五节　防风拉线损坏隐患排查

防风拉线损坏隐患排查重点对强风区是否设置防风拉线，防风拉线是否满足要求，是否存在缺陷、是否采取防盗措施等方面开展，详见表 4-5。

表 4-5　　防风拉线损坏隐患排查

排查项目	排查内容	备注
结合运行经验重点对以下情况进行排查	1. 排查强风区应设置防风拉线的杆塔、导线是否设置防风拉线。 2. 杆塔防风拉线是否满足与带电体距离要求。 3. 防风拉线是否存在拉线棒锈蚀、钢绞线断股、金具磨损等缺陷，是否采取防盗措施	运检单位应根据实际情况及风区分布图确定所辖线路特殊区段，建立台账，制定运维计划，建立隐患排查记录和建立隐患排查档案

风害隐患排查工作应根据现场实际情况开展，保证数据的准确性、及时性和完整性，为所采取的防风措施效果的判定提供基础依据。根据工作需求，定期更新风速核查表、风害隐患排查表、交叉跨越基本情况一览表、隐患排查记录表、隐患档案表，详见附件。

为提高防风工作管理水平，建立科学规范的资料管理机制，保证资料完整、统一，提高防风资料的利用效率，在开展防风工作的同时全面推行资料管理，运维人员在日常应用时应遵守下列要求。

1）录入要及时、准确、清晰，便于查看。

2）要专人录入，数据、信息、记录内容要填写清楚、真实、准确、齐全与实际相符。

3）防风资料应妥善保管，做到齐全整洁，并设专人管理，定点存放。

4）现场记录类台账必须纸版与电子版两种形式保存。

5）对数据进行审核，定期检查录入内容，确保数据的准确性、及时性和完整性。

6）盒签必须统一打印，名称清楚、完整。

7）按职责分工对台账相关事项实行月提醒、季度检查、半年点评、年终总结。

第五章　防范措施

第四章详细介绍了风害隐患排查的具体内容，通过风偏跳闸、绝缘子损坏、杆塔损坏等风害隐患排查治理保证输电线路安全稳定运行，本章我们结合风害隐患排查，提出防范风偏跳闸、风振、风蚀等具体措施来提高线路本质安全水平。

第一节　风偏跳闸防范措施

1. 加装重锤

重锤用于直线塔悬垂绝缘子串和耐张塔跳线的加重，防止悬垂绝缘子串风偏和控制跳线的风偏角。

（1）直线塔加装重锤。对不满足极大风速条件下风偏校核的直线塔，可考虑采用加装重锤的方式，增加垂直荷载，控制绝缘子串风偏角，以防导线风偏，满足安全间隙，见图 5－1。

图 5－1　某 500kV 线路悬垂串加挂重锤

加装重锤治理方案施工方便、成本低，防风偏效果较好。

对风偏情况严重的单联直线塔，可将原单联悬垂串改为双联悬垂串，并分别在每串上增加重锤。采用单联悬垂串改为双联悬垂串应考虑杆塔横担承重要求，经检查校核后进行改造，见图 5－2。

(a) 改造前

(b) 改造后

图 5－2　某 500kV 线路单串改双串改造前后

（2）耐张塔加装重锤。330～750kV 架空线路 40° 以上转角塔的外角侧跳线串应使用双串绝缘子，并加装重锤防止风偏；15° 以内的转角内外侧均应加装跳线绝缘子串。大风地区，跳线风偏应按设计风压的 1.2 倍校核；110～220kV 架空线路大于 40° 转角塔的外侧跳线应采用双绝缘子串；小于 20° 转角塔，两侧均应加挂单串跳线串，跳线串和绝缘子串均应加装重锤，见图 5－3。

(a) 改造前

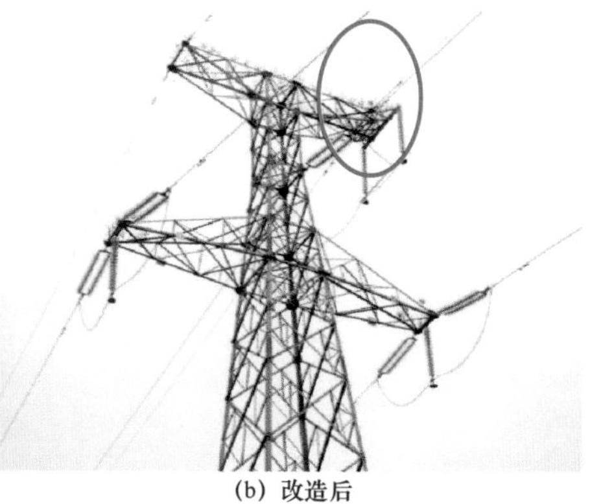

(b) 改造后

图 5－3　某 220kV 线路跳线绝缘子加装重锤改造前后

2. 跳线串单串改双串 + 硬跳线管

对于单回 220kV 干字型耐张塔绕跳风偏，可采用双绝缘子串加硬跳线管改造，并校验硬跳线管两侧跳线松弛度，见图 5-4。

(a) 改造前　　(b) 改造后

图 5-4　某 220kV 线路双串 + 支撑管前后

硬跳线管，是利用加工好的硬跳线管，将跳线中间软跳线改为刚性形式，并增加重锤，以增加跳线的垂直载荷，减小跳线水平载荷，实现控制风偏角的效果，见图 5-5。

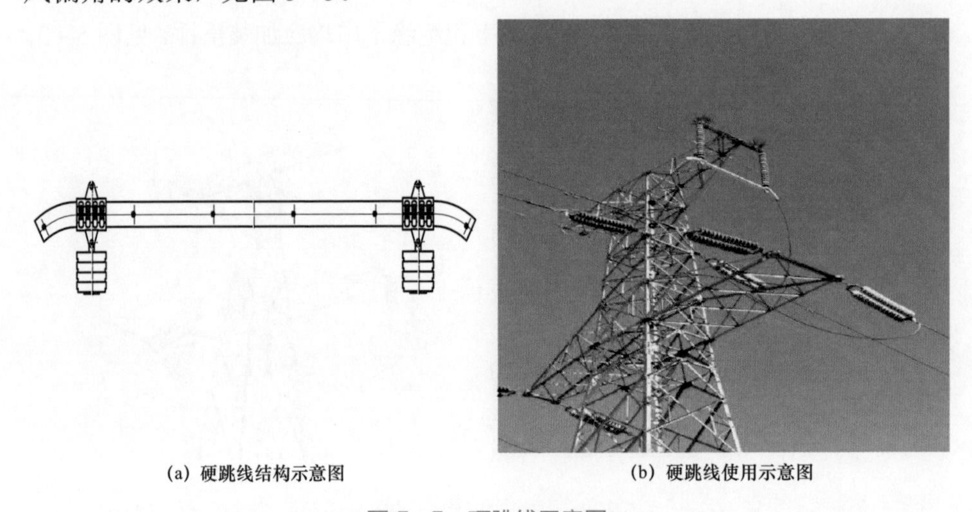

(a) 硬跳线结构示意图　　(b) 硬跳线使用示意图

图 5-5　硬跳线示意图

安装时，拆开跳线管，将两根导线放入半管的线槽内，盖上另一半管，拧紧螺栓，注意导线要夹在线槽内，不能偏出。将两组跳线串组装好，连接到跳线管的相应位置，使用绞磨悬吊跳线串，悬吊时注意两组串的相对高度要一致，将跳线串安装于塔上。使用绞磨将两端的引流线夹吊至耐张线夹的引流板处，将引流线夹连接至耐张线夹的引流板上。硬跳线管使用简单，现场安装方便，操作简单。

3. 导线对周围建筑物、构筑物放电的防范措施

导线对通道内建筑物、构筑物放电的防范，应校核导线或跳线的风偏角和通道内建筑物的间隙距离，在极大风速条件下风偏校验，不满足校验条件的应对通道内建筑物进行处理，保证导线与通道内建筑物的安全距离。定期对通道进行巡视，发现线路通道内违规施工建设应立即制止并联系政府应急管理部门上报备案采取措施，对通道内已建设的建筑物、构筑物应定期开展巡视，积极采取处理措施，并定期检查清理通道内的漂浮物，在靠近城区居民区的线路通道周边树立宣传牌、警示牌。

4. 线路对山坡、峭壁放电的防范措施

当线路路径处于主风向迎风坡山麓、山坡或山脊上，线路与主导风向垂直，远处平坦开阔，地形逐渐隆起并收缩为喇叭筒形，以上情况下线路导线存在山坡放电隐患，在杆塔导线安全系数满足的条件下可采取减小弧垂的方法保证线路安全裕度，也可以通过线路悬垂绝缘子加挂重锤的方法减小线路导线风偏角，从而保证线路导线安全裕度。

第二节 风振的防范措施

1. 微风振动造成金具损坏的防范措施

（1）改变金具结构。对地线及光缆挂点金具“环－环”连接方式改为直角挂板连接方式，并使用高强度耐磨金具。通过改变金具结构避免了在大风天气时导线金具晃动磨损，使用该方法进行改造，施工方便，成本低廉，见图5－6。

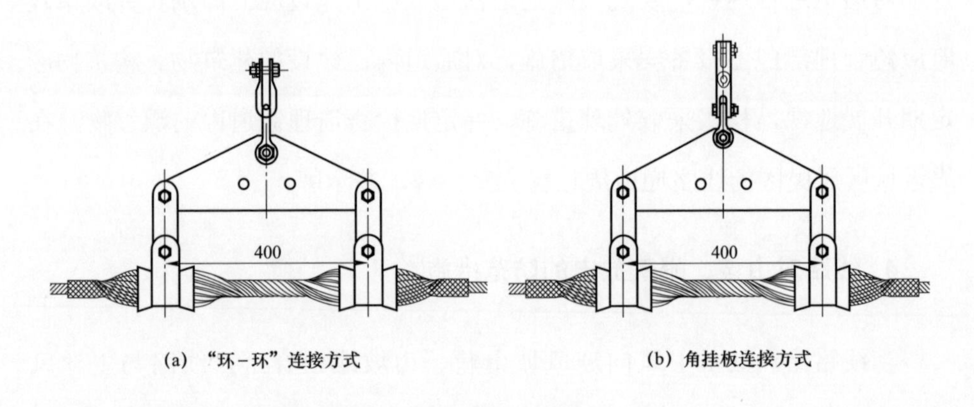

图5－6 金具连接方式

（2）采用新型地线金具串。新型地线金具串，见图 5－7。新型地线金具串由EB挂板、ZBD挂板和线夹组成。原地线金具串挂点金具UB挂板侧向看为中空结构，其挂点螺栓可在其中做线性运动，这就给UB挂板在不稳定的大风作用下晃动进而与背风向挂点角钢碰撞磨损提供了条件。

图 5-7　新型地线金具串实物图

新型地线金具串优点：新型地线金具为 EB 挂板，其形状结构和 UB 挂板有较大的不同，EB 挂板挂点螺栓和下端螺栓之间没有活动空间，均只能在对应的螺孔中旋转运动，避免了 EB 挂板在持续的不稳定大风作用下晃动磨损。挂点金具 EB 挂板与第二金具 ZBD 挂板之间的连接为螺栓 – 板连接，是线接触，减缓了金具串的内部磨损，使金具串在大风作用下转动更加灵活。

（3）使用耐磨金具。针对金具磨损原因、易发生磨损位置等特点，金具的运动方式主要有偏转、风偏和扭转三种。现用悬垂线夹的结构总体上合理，材料的机械性能、电气性能均能满足运行要求。但特殊地段处却有严重磨损，因此针对特殊地区的地线金具结构可采取以下方法改进。

1） U 形螺丝与直角挂环的磨损。可加大连接处的面积、Y 型线夹、斜交叉式连接方式、换用螺栓连接、加自润滑铜套、改用碗头连接且中间加装绝缘子。

2） 挂板与耳轴的磨损。可采取换用提包式和预绞丝线夹、双线夹、加大上面开口宽度、添加自润滑轴套。

2. 微风振动造成导线损伤的防范措施

（1）加装防振锤。导线振动时，通过防振锤来消耗导线振动能量。在档距不超过500m的线路，平均运行张力在0～16%之间时，使用防振锤防振。防振锤消耗能量与安装处的振幅和频率有关，当振动频率在6～50Hz范围内，消振效果较好，在谐振频率时消振效果最佳。防振锤与线夹的安装距离、防振锤设计（安装）数量要符合要求。目前线路普遍安装防振锤，但是对于微地形、微气象、持续稳定风区段，防振锤的应用存在一定的缺陷，不能有效的抑制风振，需要进一步改进，如防振装置安装位置存在问题，防振锤没有安装在波节点上，起不到应有的防振效果，防振锤的质量参差不齐（例如在巡视过程中发现防振锤存在掉头、锈蚀、弯曲的问题）。结合运行经验，应对线路振动严重杆塔加装防振锤。LGJ－240/30型导线一般设计单位按照档距大于350m采用2个，小于350m采用1个；LGJ－400/35型导线一般设计单位按照档距大于450m采用2个，小于450m采用1个。

防振锤的选择应注意以下情况：

1）预绞式防振锤，FHY型。在基建新建工程、大修改造工程中，对220kV及以上线路通常安装预绞式防振锤，其优点为预绞丝固定牢固，不易在振动严重杆塔导线上出现防振锤窜位、滑跑、锤头损坏甚至丢失现象。缺点是如果预绞丝握着力不够，在振动严重地区，线夹和导线间会产生微小振动，随着时间推移，导线与预绞式防振锤线夹的间隙会越来越大，造成导线磨损。大风频发区域的链接金具应选用耐磨型金具，使用预绞式防振锤时，必须加装预绞式护线条，防止导地线发生磨损、断股、断线。预绞式防振锤，见图5－8。

图 5-8　预绞式防振锤

2）多频防振锤（节能型防振锤），FR 型。现阶段输电工程中大多使用多频防振锤，由于预绞式防振锤在使用过程中，出现过线路导线断股、断线事故，所以多频防振锤为现阶段设计单位较多使用的防振锤形式。多频防振锤有如下缺点：一是多频防振锤紧固螺栓为内六角，需要专用紧固工具紧固，一旦紧固扭矩不足，极易在运行一段时间后发生螺栓松动，造成防振锤窜位缺陷，在使用过程中应重点检查多频防振锤螺栓紧固情况；二是多频防振锤存在大小头形式，应按照设计单位给定设计方案完成安装，见图 5-9。

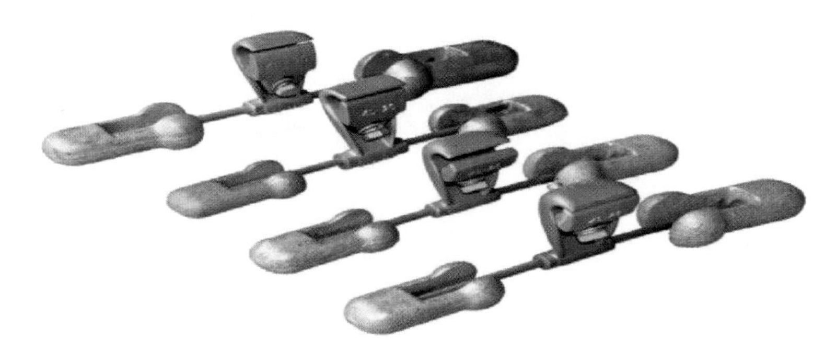

图 5-9　多频防振锤（节能型防振锤）

3）FD 型防振锤。此种形式防振锤多存在于老旧线路，防振锤易窜位、锤头损坏、丢失，新建线路基本不采用此种形式防振锤。

（2）采用预绞式阻尼线 + 预绞式防振锤。采用预绞式阻尼线 + 预绞式防振锤防振方案，每套预绞式阻尼线 + 预绞式防振锤防振方案由 1 根阻尼线、1 个防振锤和 4 束护线条（每束 6 根）组成，长花边朝向悬垂线夹，第一个阻尼线线夹距离悬垂线夹护线条（无护线条时距离线夹出口）1m 处，每个阻尼线线夹缠绕 6 根预绞丝。防振锤安装在大花边的中央防振锤线夹用 6 根预绞丝固定在导线上，大花边阻尼线适当下垂，防振锤距阻尼线间隙不少于 80mm。适用于平均运行张力在拉断力的 22%～25%的范围。

该防振装置具有较宽的谐振频率范围，能有效覆盖微风振动频率，同时具有较好的耐疲劳性能，并便于安装，方便维护，见图 5－10。

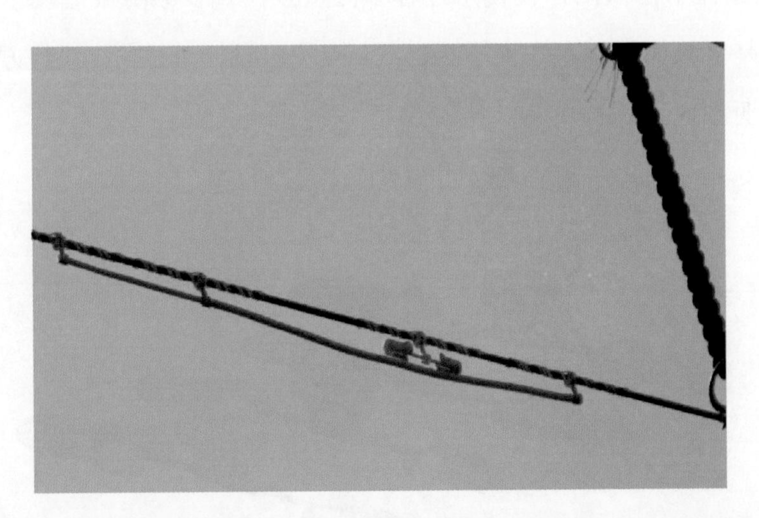

图 5－10　某 220kV 线路预绞式阻尼线 + 预绞式防振锤防振方案安装效果

（3）安装护线条。护线条主要用来保护导线，防止导线因振动磨损，通常在钢芯铝绞线平均运行张力上限达到拉断力 22%以上采用，见图 5－11。

(a) 某 220kV 线路护线条

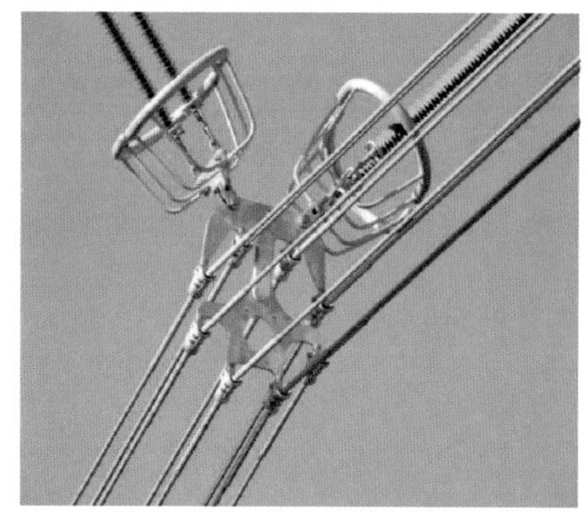

(b) 某±800kV 线路护线条

图 5-11　线路护线条

3. 次档距振荡防范措施

（1）调整次档距。组织开展微地形、微气象区输电线路次档距测量和次档距振荡观测，建立分裂导线次档距档案；对存在次档距振荡区段，采取增加或调整子导线间隔棒，缩小次档距等措施，抑制次档距振荡，结合运行经验，取子导线间隔棒按最大次档距不大于 50m、端次档距不大于 25m、平均次档距取 45m 进行调整。输电线路次档距振荡整改方案主要分两类：

1）450m 以下档距的区段采用调整子导线间隔棒位置、增加间隔棒数量的方式降低次档距，将次档距调整到 45m 以下。

2）450m 以上的较大档距区段，采用在现有子导线间隔棒位置不变的情况下，在两间隔棒之间新增子导线间隔棒的方式降低次档距。

（2）安装阻尼间隔棒。改变导线形状，破坏卡门旋涡的建立是一种消除导线振动的办法。因工艺复杂制造困难，工程中根据实际需要采用。

在分裂导线上安装间隔棒后，分裂导线发生微风振动的情况下，由于子导线的分裂间距使子导线的直径增大，可以减轻或消除尾流对振动的影响，能够破坏和抑制分裂导线的稳定振动。相较于单导线，次档距的效应使振幅最高点分散到间隔棒的各悬挂点，延长了导线的使用寿命，见图 5-12。

(a) 普通四分裂阻尼式间隔棒

(b) 普通六分裂阻尼式间隔棒

图 5-12 阻尼式间隔棒

4. 舞动的防范措施

（1）安装相间间隔棒。在导线之间加装间隔棒以分离导线，从而可以避免在舞动过程中，线路与线路之间触碰、放电、鞭击，并且相间间隔棒改变了系统的结构方式能抑制舞动同时也可防止脱冰跳跃引起的故障。目前的防舞实践证明：相间间隔棒在垂直排列的线路中具有较好的防舞动效果，可作为首选方案，见图 5-13。

图 5－13　相间间隔棒

（2）安装线夹回转式间隔棒。传统式固定连接的间隔棒导线舞动时子导线在间隔棒附近无法实现相应的转动，而新型线夹回转式间隔棒能消除间隔棒线夹对子导线的扭转向约束，使子导线具有单导线的扭转状态从而消除或减轻覆冰的不均匀程度，降低风激励作用，达到防舞或抑制舞动的作用，见图 5－14。

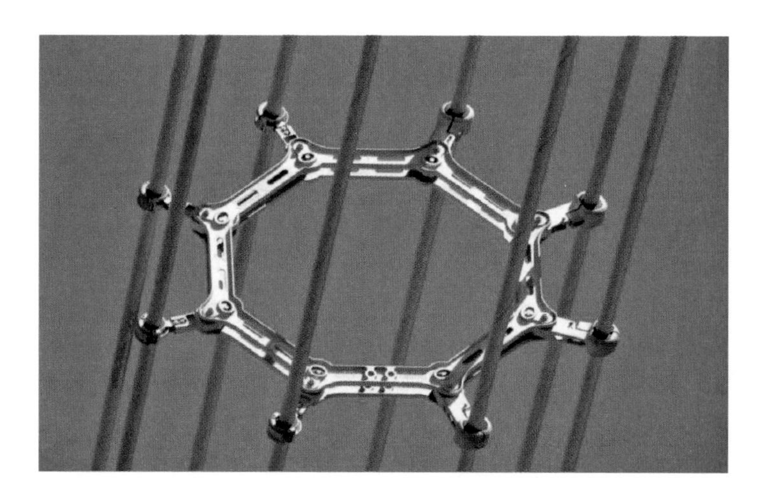

图 5－14　八分裂阻尼式回转间隔棒

（3）缩小档距。综合分析历年舞动故障原因，档距大小是影响线路是否易舞动直接原因，66kV 输电线路档距在 200m 以上易舞动，220kV 输电线路档距在 450m 以上舞动概率大大增加，500kV 输电线路档距越大越容易发生舞动，主要原因为大档距弧垂大，舞动幅值也较小档距区段大，且小档距只需要抑制一阶或二阶舞动，就可有效的抑制舞动，而大档距则在三阶以上舞动时也有足够的幅值。从设计理论分析看，缩小档距是一种行之有效的改造措施，以某紧凑型线路为例，2015—2020 年舞动高达 6 次，在进行了大档距加塔改造后，再没有发生过舞动，防舞效果较好。

5. 风振致杆塔损坏的防范措施

（1）加装杆塔防风拉线。为解决杆塔受到的外部不平衡荷载作用力，提高杆塔强度，在强风地区杆塔加装防风拉线，不仅可以保证杆塔不发生倾斜和倒塔，还可以减少杆塔材料消耗量，降低线路造价。拉线宜采用镀锌钢绞线，其截面不应小于 25mm^2。拉线棒的直径不应小于 16mm，应采用热镀锌防腐。

（2）使用新型扰流板、扰流线。新型扰流板、扰流线主要用于抑制钢管塔振动。

扰流板：由环氧树脂 2513A 与一定配比的酸酐类固化剂 2513BF 通过手糊工艺，与克重 700 的 E 玻纤方格布常温复合而成。具体参数由钢管的管径和长细比确定，通过加装扰流板改变了钢管塔材涡激振动的频率，有效地抑制了微风振动现象，见图 5－15。

(a) 扰流板

(b) 某 1000kV 线路 57 号塔扰流板

图 5－15　扰流板

扰流线：采用 PVC 材料加工，紧密缠绕在钢管上，不松脱，扰流线的内径和缠绕长度根据钢管的管径和长度确定，见图 5－16。

图 5－16　扰流线

第三节 风蚀防范的措施

1. 基础风蚀防范措施

（1）草方格压沙法。采取草方格压沙法作用较强，使用后具有明显的增大地表粗糙度，削减沙丘表面风速的作用。以蒙东辖区为例，本地稻草材料取材方便，而且施工方法简便容易，成本相对较低。采取压草插设法时，把草沿着划好的线道，均匀地铺成一条草带，草秆方向与线道垂直，用钝口锹插在草的中部，使劲下踩，压草入沙内10～15cm，使草的两端翘起，然后把两侧踩实，踏实障基沙子，这种插设方法速度快，工效高。同时雨季在沙障网格内人工撒播沙蒿、小叶锦鸡儿等混合种子，以减少风蚀和沙丘的移动，使塔基不受沙丘的掩埋，建成高压线绿色防护网。治理区内严禁开垦、放牧、割草、砍柴、采药等活动，见图5-17。

图5-17　某线路草格、种植沙柳、围栏

（2）植被恢复法。根据地区条件，按照因地适树原则，采用扦插法造林。造林后及时做好抚育管护。抚育管护的内容包括：补植、浇水、封禁管护、松土除草、扶苗培土、间苗定株、平茬、修枝、水肥管理、病虫害防治森林防火等内容，见图 5－18。

(a) 处理前

(b) 处理后

图 5－18　某±800kV 线路 0409 号塔植被恢复法处理前后

2. 水泥杆风蚀的防范措施

（1）包钢加固修复。粘钢加固是采用粘接性能良好的高强度建筑结构胶，把钢板牢固黏结在水泥杆表面，在植入螺栓，使钢板与构件结合成一体，或使用全封闭焊接钢板外包整个立柱，然后在外包钢与水泥杆或基础立柱之间填充混凝土，适用于加固水泥杆、混凝土基础立柱因风蚀造成的开裂和受损。

（2）水泥杆更换。无法采取加固措施的，应更换水泥杆。

第六章　应急处置

受近年来龙卷风、飑线风、暴风雪等各类突发灾害性天气影响，线路风害故障日趋严重，轻则导线、金具受损，重则引起线路风偏跳闸，甚至可能引发倒塔断线等事故的发生。风害发生前后，应及时开展现场特巡检查，查看线路杆塔、金具、绝缘子及导地线等是否出现异常，并根据现场情况及时开展信息报送及现场应急处置工作。

第一节 信息报送流程及要求

风害故障发生后，线路运维单位应将有关情况第一时间逐级上报相关专业部门（单位）。内容主要包括：

（1）发生故障线路名称、运维单位、时间、地点、设备信息及主要参数、天气、作业情况和处理完成时间等；

（2）事件简要经过、造成的后果（负荷损失情况、设备损坏、影响情况）、处理情况；

（3）主接线图、继电保护及安全自动装置动作情况、故障录波图、必要的现场数码照片或影像资料等；

（4）初步原因分析、整改措施及下一步计划。

发生风害故障后，运维单位必须安排专人报送事件发生后的故障查找、事件处理进度等后续工作完成情况。

输电线路（高压电缆线路）故障点确认后，应按照相关要求，编制及时上报故障分析报告。

风害故障造成用户停电时，线路运维单位应及时汇报停电影响范围、负荷损失情况、重要用户恢复供电情况等。

第二节　应 急 抢 修

因风害引发输电线路危急缺陷或事故时，应及时开展应急抢修工作，应急抢修工作应包括以下内容：

1. 现场核实确认

线路发生故障跳闸后，运维单位应立即安排相关人员赶赴现场巡视，详细掌握并确认现场情况（掉串情况、断线程度、倒塔范围、杆塔基础损坏等），并对现场及周围环境采集相关影像资料，收集现场地形、交通条件、气象变化情况等资料，根据现场勘查结果启动应急抢修工作预案。

2. 抢修前期准备

在现场条件允许的情况下，应在第一时间对线路采取相关应急措施，减少对外界的影响，防止线路故障进一步扩大，必要时对杆塔进行临时锚固。

与此同时，及时查阅事故区段设备图纸资料，联系有关设计院及设备生产厂家做好技术支持及设备供应准备，必要时向上级申请协调解决物资调配及应急抢修队伍事宜。

3. 运维抢修方案制定

现场勘查后，运维单位应判断本单位是否具备现场抢修能力，对于具备抢修条件的，本单位应急处置人员根据相关信息查阅相关技术参数，编制应急抢修处置工作方案（见附件 B2），结合工作方案开展现场抢修。对于不具备抢修能力的，应及时向上级部门申请调用框架协议应急抢修队伍开展现场抢修。

4. 运维抢修现场实施

运维单位提前做好现场抢修工作的后勤保障、对外协调和舆情处置等工作。保障抢修材料、工器具等物资运输通道的畅通，并做好抢修供电、地方关系协调等工作，确保抢修队伍、工器具、材料物资等进场顺利，保障抢修工作及时有效实施。

根据制定的抢修方案组织现场实施，落实安全和技术措施。抢修工作结束后，运维单位应及时组织对抢修设备进行验收，符合验收管理规定后方可申请恢复送电，同时做好线路跟踪监测工作。

5. 事故抢修资料收集

抢修工作应从以下两个方面做好资料收集：

（1）做好抢修记录，编写并报送相关总结报告，存档备查。

（2）做好事故原因分析和预设，提出并落实改进措施，提高线路防灾害水平，总结抢修经验，提高应急处置能力。

第三节　风灾后维护

1. 运行监视

线路恢复正常运行后，运维单位应持续监视线路故障点线路杆塔、导地线、绝缘子、金具及其附属设施运行情况。开展地面人工巡查，重点进行故障点前后杆段区域排查；对山区、无人区等人员很难到达的地段开展直升机巡查，部署在线监测系统监控环境变化情况，必要时进行技术检测，全方位观测线路元件的运行状况，为分析故障缺陷、隐患、异常和风害治理提供支撑数据。

（1）人工巡查。在故障巡视结果的基础上，为全面掌握线路故障后运行状况，运行单位需开展专项巡视，以查找风害故障期间受天气等因素限制未能检查的遗漏点、死角，必要时登塔检查巡视。

（2）直升机巡查。为弥补地面巡视工作的不足以及提高巡查效率，可在故障后对高原、高寒、山地及高海拔等特殊区域开展直升机巡检，在直升机上搭载先进设备，既能检测出线路通道、本体的具体缺陷情况，又能对连接点发热、异常电晕、导地线内部损伤情况进行判断，更加详细地为风害治理提供现场数据。

（3）部署在线监测装置。随着在线监测功能不断更新完善，运维单位应根据线路路径、故障特点布置微气象监测、风偏监测、视频监测、杆塔倾斜等在线监测装置，利用在线监测装置实时监控线路日常运行状况及现场环境变化。

2. 运行分析

风害故障后，运维管理应及时编写风害故障分析报告，并组织开展线路风害故障专题分析，通过对线路风害后存在的缺陷、异常等进行专业分析，委托设计单位进行风害校验，制定针对性的治理措施，对不满足要求的线路进行技术改造，防止类似风害故障再次发生。

（1）风害故障专题分析。线路风害故障后，线路运维单位管理部门应及时组织召开专题分析会（故障分析会），对引发故障的直接原因、人员因素、设备本体原因及外部因素等进行综合分析，提出指导意见。重点对管辖设备运行状况、线路通道季节性特点进行分析，提出设备管理过程中的运维重点、防范对策及管理办法，开展现场相关防范措施落实。

（2）风害引发的缺陷分析。对风害引发的导地线、绝缘子及金具损伤等缺陷进行深入分析，找出缺陷发生原因和潜在隐患，提出相关防范措施和治理意见；对设备所在区段运行状况、气候环境变化、通道情况进行综合分析，研究设备缺陷、气候环境的发展趋势和规律，制定相应的预防措施和消缺方案，为设备运行管理积累经验。

3. 管理措施

（1）运维单位在线路设计评审时，应严格按照防风、防振设计标准和反措要求进行审查。风振严重区段的导线和金具加强强度校核，校验防振锤设计、安装位置、导线弛度是否合理，及时告知设计单位对不满足运行要求的防振锤进行整改。

（2）运维单位应严格按照相关标准在线路建设管理单位组织开展的三

级自检基础上，加强工程建设过程中隐蔽工程、关键工序、重点试验项目等的监督管控，确保设备高质量投运。

（3）运维单位开展的排查应以同类型、微气象、微地形区域同期建设的输电线路为重点排查，开展子导线间隔棒阻尼橡胶块变形、移位、脱落全面检查和风振区杆塔螺栓紧固，必要时开展节点测温、金属探伤检测、走线开盖检查。明确巡视重点区段和重点部位，明确巡视责任人和各级督导管理人员职责，明确巡视责任区段分工界限，明确故障相关的考核奖励标准，确保缺陷及隐患能第一时间发现并采取有效处理措施。

（4）运维单位应及时梳理完善所辖输电线路处于微地形、微气象区域的特殊区段信息，结合特殊区段划分重新调整线路状态巡视计划，加强大风等恶劣天气后设备特巡，开展持续稳定风区观测，保障输电线路的安全稳定运行。为深入研究持续稳定风区线路金具机械特性、耐磨性能，研制防振、抗振金具及保护金具提供参考依据。

第七章 风害辨识典型图例

本章以典型图例介绍线路杆塔本体、金具、基础因受微风振动、沙地风蚀、复导线次档距振荡、飓风灾害等作用，造成的不同构件发生不同程度的损坏情况，通过图例辨识，提高线路构件损坏识别的准确度。

本章重点介绍杆塔本体及构件受风作用产生的问题，分为微风振动、次档距振荡、舞动、飓风倒塔、风蚀、5 个部分共 12 个典型问题。

第一节　微风振动造成杆塔构件、金具、导线损伤

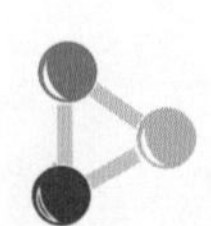

典型问题 1：某 500kV 紧凑型线路铁塔三角挂架断裂

1. 问题描述

某 500kV 紧凑型线路铁塔某直线塔绝缘子串挂点金具断裂，导致 A、C 相绝缘子串单侧脱落；B 相绝缘子串（双挂四串）脱落、导线侧球头断裂，搭落在中相导线两侧，线路 2008 年 6 月投运，截至缺陷发生时间运行 12 年（见图 7－1）。

2. 原因分析

该紧凑型线路挂点三角挂架断裂杆塔跨越山谷，悬点高度为 1172.2m，邻近铁塔悬点高度分别为 1097m、1144m，塔垂直档距为 790m，临近铁塔垂直档距为 1044m，常年 4～6 级大风、冬季最低气温可达零下 45℃，铁塔断裂挂架采用 Q345 型钢材，在低温微风振动条件下发生断裂，挂点金具应

力集中，承载能力不足，在导线外力冲击（如舞动、大风）的情况下，剩余钢材在垂直荷载的作用下相继发生断裂，最终导致绝缘子挂点金具全部断裂，绝缘子串脱落。

图 7–1　某 500kV 紧凑型线路挂点三角挂架断裂

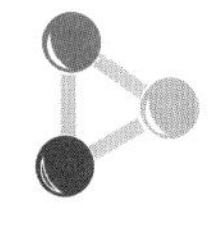

典型问题 2：某±500kV 直流线路地线悬垂线夹承重轴断裂

1. 问题描述

某年 4 月份某±500kV 直流线路地线悬垂线夹承重轴出现断裂的情况，线路于 2010 年 9 月投运，截至缺陷发生时间运行 11 年（见图 7–2）。

图 7–2　某±500kV 直流线路地线悬垂线夹承重轴断裂

2. 原因分析

该线路地线悬垂线，线夹内部挂孔内壁不均匀，加工工艺不良，孔内壁凸起部位在长期微风振动以及较大垂直荷载和水平荷载作用下，逐步磨损至断裂。

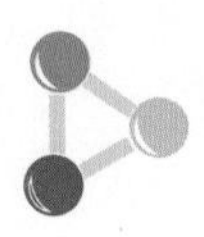

典型问题 3：某 220kV 老旧线路挂点金具磨损

1. 问题描述

某 220kV 老旧线路（投运时长约 30 年）由于线路投运时间较长，塔地线 U 形挂环与 1880U 形挂环在风力作用下发生振动且发生横线路方向循环运动，相互摩擦产生明显磨损（图 7－3）。

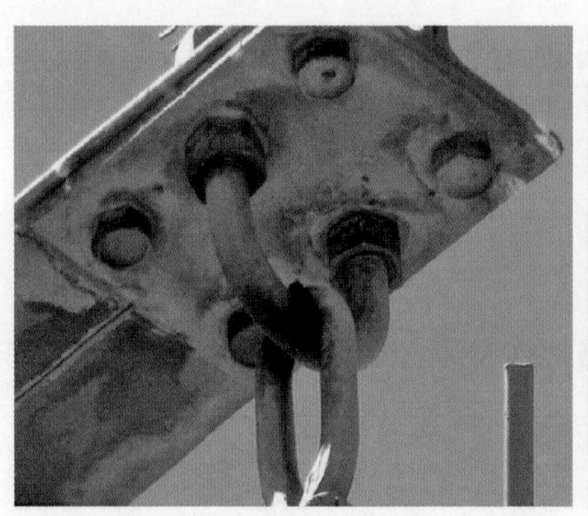

图 7－3　塔地线 U 形挂环与 1880U 形挂环相互摩擦

2. 原因分析

老旧线路的金具在风的常年作用下，随着不同施加载荷与不同磨损次数的增加，U 形环的磨损后破坏载荷逐渐下降，U 形环的接触区域有明显的分层

现象，出现了塑性变形，接触区域的硬度也有了明显下降，导致金具磨损严重。

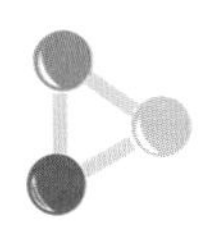

典型问题 4：某 220kV 线路防振锤位移

1. 问题描述

某线路处于平原地区，属微风振动严重地区，在微风的作用下，发生防振锤位移（图 7–4）。

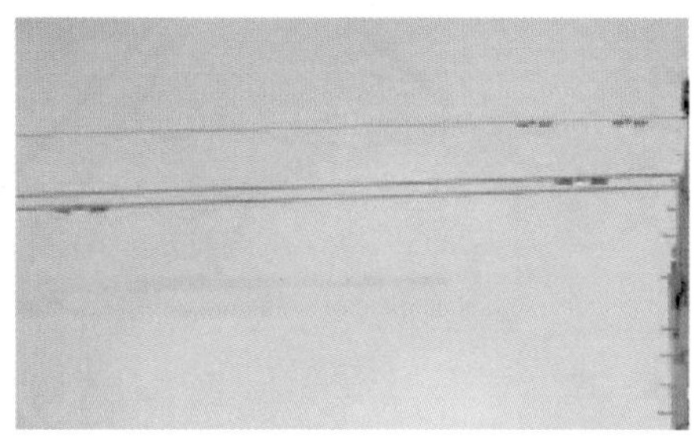

图 7–4　防振锤位移

2. 原因分析

在微风振动严重区域，防振锤位移是常见的缺陷，发生防振锤位移一般原因是本线路所处地区风振严重，防振锤安装位置没有经过校核；其次是防振锤安装不当，在风振严重区域，会出现防振锤位移情况；此外，防振锤的安装数量没有根据线路实际档距进行调整。

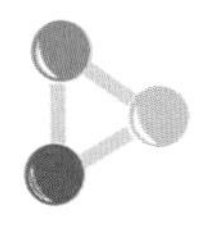

典型问题 5：某 1000kV 线路钢管塔构件风振

1. 问题描述

某 1000kV Ⅰ、Ⅱ线同塔双回钢管塔在与线路走向夹角约 45°、持续稳定的风（4～7 级风）作用下钢管塔部分构件存在明显振动现象，振幅肉眼可见，最大可达 30mm，横担以下尤为明显，同时产生振动异响。钢管塔振动位置见图 7－5。

图 7－5 钢管塔杆件振动位置

2. 原因分析

钢管塔在持续稳定的风的作用下，会在钢管构件背风侧形成涡流，当达到起振风速后，涡流的频率达到了钢管构件的固有频率，从而产生共振现象，钢管构件长细比数值越大，起振风速越小。钢管塔长期风振会使构件螺栓松动甚至松脱，同时可能导致钢管构件因长期振动而疲劳损坏。

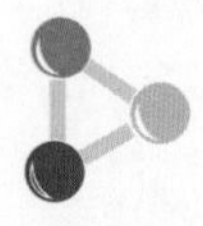

典型问题 6：某 220kV 线相间间隔棒与导线互磨

1. 问题描述

某 220kV 线路 B 相（上线）大号侧绝缘子串引流线外侧第一个间隔棒

与导线存在互磨（见图 7-6），接触处导线有轻微磨损。此区域处在微风振动区，长期大风（4～6 级风），风向与线路夹角约为 90°，导致间隔棒与导线间隙扩大、夹具与导线互磨，造成导线疲劳磨损。

图 7-6　导线疲劳磨损

2. 原因分析

导线呈圆形截面柱体，气流在其背面形成上下交替的卡门漩涡，引起导线振动，虽然微风振动引起的振幅较小，但在长期振动疲劳积累下，导线高应力点（如悬挂点、金具夹头）疲劳加剧。

典型问题 7：某 220kV 线预绞式防振锤磨损导线

1. 问题描述

预绞式防振锤在预绞丝缠绕位置，大部分导线存在导线磨损、断股等缺陷，受损严重的导线只剩钢芯部分（见图 7-7），长期微风振动（4～6 级风）易引起防振锤松动磨损导线。

图 7－7　预绞丝式防振锤缠绕处导线铝股磨断、断股

2. 原因分析

内蒙古地区地势多平坦开阔，常年风力大约为 3～4 级风，风速均匀且持续，部分地区导线常年处于微风振动状态，如果预绞丝（预绞式防振锤侧面结构图见图 7－8）安装工艺不良、握着不足，在线夹和导线间会产生微小振动，预绞丝附着在导线上随着导线振动，防振锤的振动滞后于导线，随着时间推移，导线与预绞式防振锤线夹的间隙会越来越大，就会不断磨损导线。

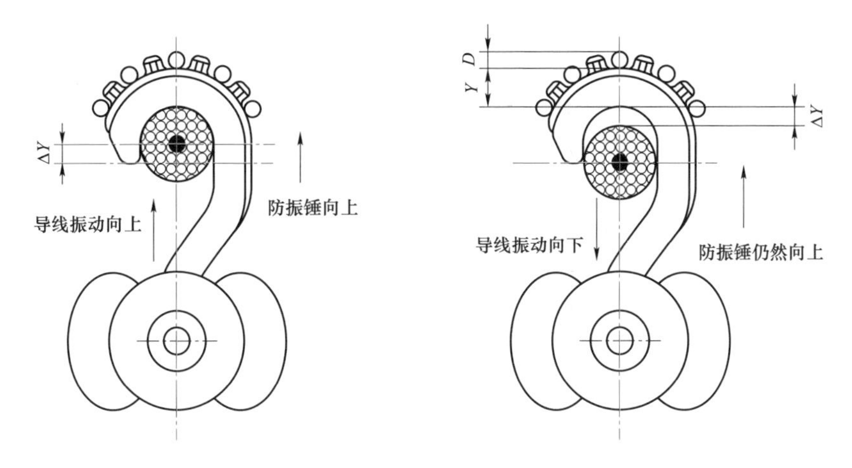

图 7－8　预绞式防振锤侧面结构图

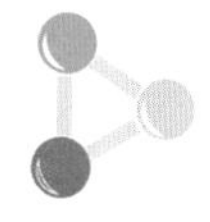

典型问题 8：某 220kV 线路线夹内侧断股、断线

1. 问题描述

某 220kV 线路在某年 12 月底（当天气温在－31℃）悬垂线夹内部发生断线、断股，该线路 119～120 号之间 A 相下子导线掉落至地面，落地导线及塔上导线断面均缠绕有铝包带（见图 7－9）。

图 7－9　导线线夹内部断线

2. 原因分析

该线路为南北走向，与此地段常年主导风向（西风偏北）夹角约为 70 度，导线在均匀风力的作用下，风的漩涡频率与导线的固有频率吻合，使得导线振动最大。另外，在低温条件下，导线收缩弛度变小，在较大的水平张力下振动频率增加，使原本由于风振造成断股的导线发生断裂。

第二节 复导线次档距振荡

典型问题 9：某 500kV 线子导线鞭击磨损

1. 问题描述

某 500kV 线路子导线在风荷载作用下（4～6 级风），子导线之间发生鞭击，造成导线磨损（见图 7－10、图 7－11）。

图 7－10　导线相互鞭击造成导线毛刺

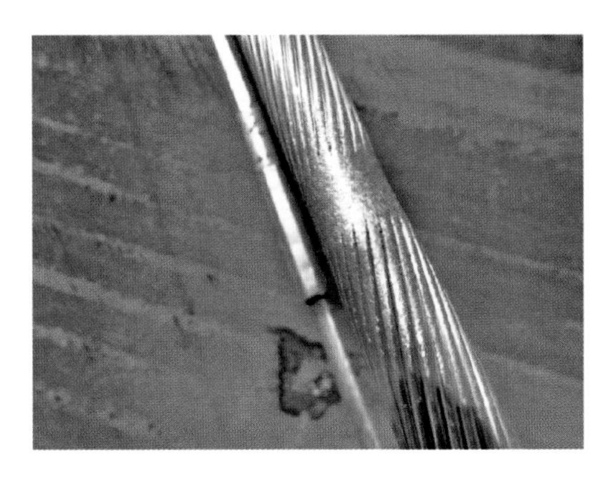

图 7－11　导线相互鞭击造成部分线股磨平受损

2. 原因分析

多分裂导线在风荷载作用下，子导线尾流明显，作用于背风侧子导线上的气动阻力可能会有所减小，同时还会产生升力，因而作用于每一根子导线上的气动力存在差异。由于子导线上阻力的不同，导致不同分裂数分裂导线的风压系数会有所不同，升力的产生会引起尾流驰振问题，产生次档距振荡。另外，覆冰导线舞动过程中也可能伴随次档距振荡。

第三节　覆　冰　舞　动

典型问题 10：某 500kV 紧凑型线路覆冰舞动

1. 问题描述

某 500kV 紧凑型线路某年 5 月份因相间舞动发生故障跳闸，发生故障时段，该区域天气为雨雪天气、西南风 8.2m/s、风向与线路夹角为 80°、气温为 2℃，导线上、杆塔上有覆冰、地面上有湿雪（见图 7－12，图 7－13）。

2. 原因分析

故障区段位于山区，两侧为山峰、中间为山谷的微地形、微气象环境，线路走向与山谷走向垂直，雨雪天气情况下，极易因微地形、微气象发生线路覆冰舞动现象。现场气象条件比较特殊，风向与线路夹角 80 度左右，

图 7－12　AB 相放电通道

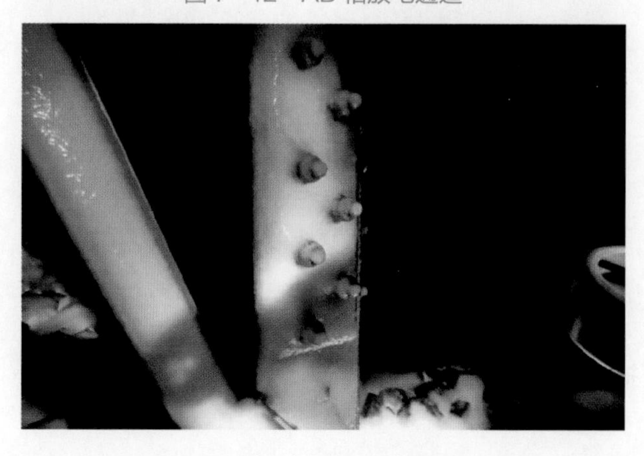

图 7－13　塔材上覆冰照片

铁塔塔材迎风面有明显覆冰，覆冰厚度现场实测约 20mm，满足发生覆冰舞动的条件。从线路结构分析，线路为紧凑型线路，相间距离仅为 7 米，虽加装了相间间隔棒，采取了防舞措施，但在舞动能量较大时也易发生相间短路导致线路跳闸。

第四节　飑风致杆塔损坏

典型问题 11：飑线风导致某 220kV 线路倒塔

1. 问题描述

某 220kV 线路海拔高度为 340m，地形为垭口，气候类型为温带季风气候，常年主导风为西风，设计风速为 28m/s，在飑风冰雹强对流天气下发生连续七基塔倾倒事件。（见图 7－14）。

图 7－14　某 220kV 线路在飑风冰雹强对流天气倒塔整体情况

2. 原因分析

故障区段天气情况为飓风冰雹强对流天气，气温在 12～20℃间，西北风，瞬时风力等级达到 11 级（32m/s），相对湿度为 95%RH，气压为 1003hPa，由于线路处于微地形区，风速会增加 1.2～1.6 倍，折算后风速在 38.4m/s 到 51.2m/s 之间，远超过杆塔所能承受的设计风速。超设计飑线风和冰雹的冲击力持续地作用在整个杆塔上，且杆塔上下受力差异不大，导致杆塔从塔腿下端（受力最大点处）发生弯折扭绞变形，最终倾倒。

第五节 沙 地 风 蚀

典型问题 12：某 1000kV 线路基础受风侵蚀

1. 问题描述

某 1000kV 线路处在沙地或沙漠地区，受风蚀作用基础外露严重（见图 7－15）。

2. 原因分析

基础处于沙地或沙漠地带，常会出现长期风蚀，导致基础回填土流失，基础立柱受风蚀外露过高，承载力不足，在大风的作用下，严重时易造成基础失稳，进而倒塔。

图 7－15　基础受风蚀导致基础外露超规

附录A 边线风偏对边坡的净空距离

被检查的危险点处的导线弧垂，可由断面图上量得，然后按下式换算：

$$f=g\sigma dfd/gd\sigma$$

式中 f——检查情况下，危险点处导线弧垂（m）；

d——风偏后要求的净空距离（m）；

fd——定位时危险点处导线最大弧垂（m）；

σ, σd——检查情况下和定位情况下导线应力；

g, gd——检查情况下和定位情况下导线比载。

附图：检查边线风偏对边坡的净空距离，按最大风情况进行校核，见图A－1。

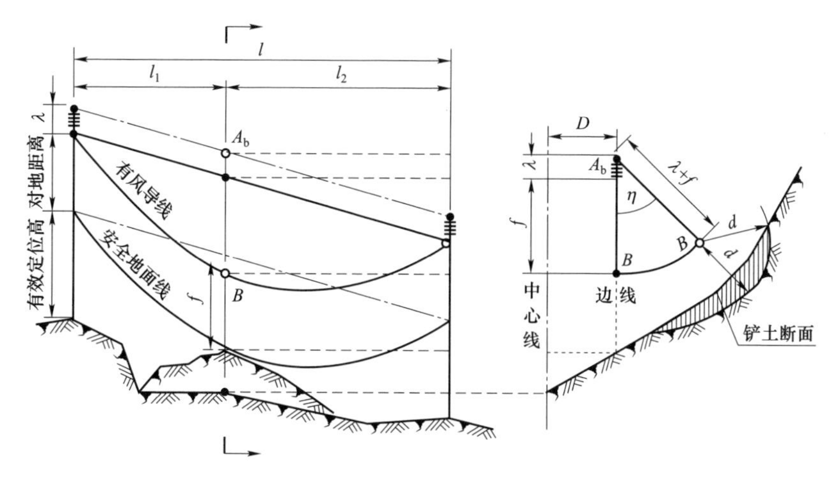

图A－1 边线风偏后对地距离检查图

附录B 风偏跳闸校核方法

防风偏校核方法主要从直线塔摇摆角临界曲线计算和绘制摇摆角临界曲线出发，最后根据校核结果，排查出有风偏隐患的杆塔。

（1）直线塔摇摆角临界曲线计算。

直线塔摇摆角临界曲线计算公式为：

$$l_{vc}=\frac{\dfrac{P_{is}-G_{is}\tan\varphi}{2n}+\left[\left(\dfrac{P_c F}{F_T}-P_1\right)\tan\varphi+P_4\right]l_h}{\dfrac{F}{F_T}P_c\tan\varphi}$$

式中 P_{is}——绝缘子串风荷载（N），$P_{is}=9.806\ 65Av2/16$；

A——绝缘子串受风面积（m^2）；

v——该计算工况的风速（m/s）；

G_{is}——绝缘子重力（N）；

φ——绝缘子串在该计算工况下的最大允许摇摆角（°）；

F_T、T——分别为某代表档距下导线最大弧垂时和计算工况时的张力（N）；

l_h——杆塔水平档距（m）；

P_c、P_1——导线最大弧垂时和单位自荷载（N/m）；

P_4——导线无冰时单位风荷载（N/m）；

n——每相导线根数。

（2）绘制摇摆角临界曲线。

根据临界曲线关系式绘制摇摆角临界曲线（见表B－1和图B－1），对照每基塔绝缘配置和实际水平档距，计算出最大弧垂时的临界垂直档距。如实际垂直档距值小于临界垂直值，即位于临界曲线下方，则不满足风偏要求，反之，则满足。

表 B－1　　　　　　直线塔摇摆角临界曲线关系式

塔型	串长 L（m）	最大允许摇摆角 φ（°）	摇摆角临界曲线关系式	备注
ZB1V、ZB2V	5.052（5.1）	45.6	$l_{vc}=1.08l_h-16.21$	防污瓷单联
	5.052（5.1）	45.6	$l_{vc}=1.08l_h-32.41$	防污瓷双联
ZB4V	5.052（5.1）	55.2	$l_{vc}=0.88l_h-17.24$	防污瓷单联
ZBKV	5.052（5.1）	45.1	$l_{vc}=1.09l_h-16.26$	防污瓷单联
	5.052（5.1）	45.1	$l_{vc}=1.09l_h-32.52$	防污瓷双联

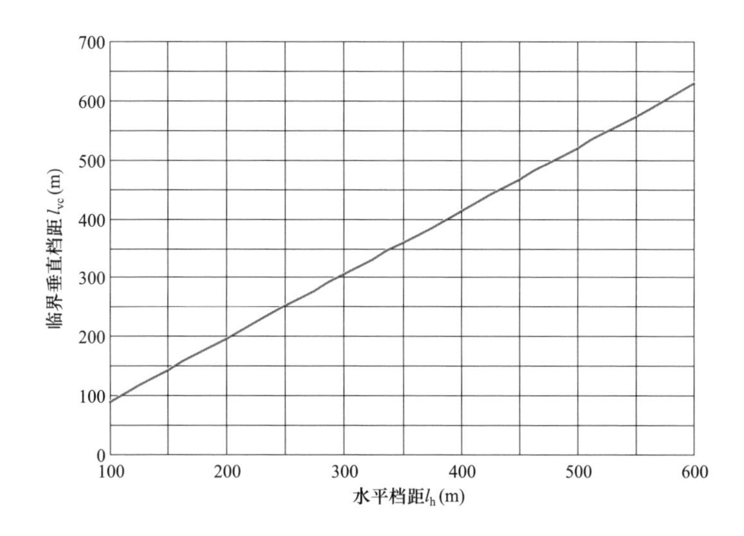

图 B－1　直线塔摇摆角临界曲线（防污瓷单联，串长 5.052m，作图串长 5.1m）

（3）根据校核结果，排查出有风偏隐患的杆塔，见表 B－2。

表 B-2　　校验不满足要求的直线塔一览表　　m

运行塔号	塔型	呼高	大号侧档距	水平档距	垂直档距	临界垂直档距	垂直档距差值
80	ZB2V	36	450	444	456	462	-5.97
81	ZB2V	36	455	453	443	471	-28.13
82	ZB2V	36	398	427	440	443	-3.12
83	ZB1V	33	336	367	370	379	-9.03
85	ZB1V	30	392	378	351	391	-39.87

说明：临界垂直档距与实际垂直档距差值为负，则该塔存在风偏隐患。

附录C　绝缘子串和金具的强度校核方法

表C－1　绝缘子性能参数

绝缘子型号	机械破坏负荷 kN 不小于	1h机电负荷试验值（kN）	公称结构高度 H	绝缘件公称直径 D	最小公称爬电距离	50%雷电冲击闪络电压（峰值）kV 不小于	工频电压（有效值）kV 不小于		单件重量（kg）
			（mm）				湿闪络	击穿	
U70BP/146D	70	52.5	146	280	450	120	40	110	7.5
U70B/146（瓷）	70	52.5	146	255	320	110	45	110	3.7

表C－2　绝缘子和金具机械强度的最低安全系数

情况	针式	盘形	瓷横担	金具
最大使用荷载	2.5	2.7	3	3
断线	—	1.8	2	1.8
断联	—	1.5	—	1.5

（1）悬垂串的强度校核。悬垂串在线路正常运行时，主要承受垂直线路方向荷载；在断线时，还要承受断线拉力。

一般地区：每一悬垂串的绝缘子片数按下式计算

$$n \geqslant \alpha U_e / h;$$

式中：U_e——额定电压（kV）；

h——单个绝缘子的爬电距离（cm）；

α——爬电比距（cm/kV），按高压架空线路污秽分级标准选取。

海拔高度1000～3500m的地区：悬垂串的绝缘子数量按式下式计算

$$n' = n[1 + 0.1(H - 1)]$$

式中：H——海拔高度（m）；

n——般地区的绝缘子数量绝缘子串的安全系数和联数。

1）安全系数：不应小于表C－2所列数值。瓷质盘形绝缘子尚应满足正常运行情况、常年荷载状态下安全系数不小于4.5常年荷载是指年平均气温下绝缘子所受的荷载。

2）允许荷载：在常年、断线、断联情况下，绝缘子的相应最大允许使用荷载［T_J］，可按下式计算：

$$[T_J] = T_J / K$$

式中：T_J——绝缘子的额定机电破坏负荷（kN）；

K——绝缘子的机械强度安全系数。

采取双联和多联解决。所需绝缘子的联数可根据其所受最大荷载确定，即：

$$N \geqslant G / [T_J]$$

式中：G——绝缘子承受的最大荷载（kN）。

双联及以上的多联绝缘子串应验算断一联后的机械强度。

在重要跨越处：如铁路、高等级公路和高速公路、通航河流以及人口密集地区，悬垂串宜采用独立挂点的双联悬垂绝缘子串结构。

在山区线路中，由于地势起伏高差大，垂直档距往往大于水平档距较多，会出现垂直荷载超过绝缘子串允许荷载的情况，必须对绝缘子串所受荷载进行校核。当最大弧垂发生在最大垂直比载时，悬垂串允许机电荷载相应的垂直档距为

$$l_v = \frac{W_J - (n-1)G_J - Q}{\gamma_3 A}$$

式中：Q——金具覆冰后总重量；

A——架空线的截面积；

γ_3——架空线的覆冰无风比载；

W_J——绝缘子的允许机电荷载；

G_J——单片绝缘子覆冰后的重量。

只要杆塔垂直档距不大于上式的计算值，悬垂串的机电强度就能满足要求。

（2）耐张绝缘子串强度校核。架空线悬挂点的最大张力不应大于耐张绝缘子串的允许荷载，否则需要增加耐张串联数或改用较大吨位的绝缘子，或者放松该耐张段的架空线以降低张力。

（3）悬垂线夹的强度校核。悬垂线夹在线路正常运行情况下，主要承受由导线的垂直载荷和水平载荷组成的总载荷。悬垂线夹应在导线最大载荷情况下满足一定的安全系数 K：

$$K = T_b / T \geqslant 2.5$$

式中 T——导线最大荷载（kN）；

T_b——悬垂线夹的破坏载荷（kN）。

附录D　振动校核方法

通过微风振动测量装置测取导地线夹头出口 89 毫米处导地线相对于线夹的动弯振幅，计算导地线在线夹出口处的动弯应变，以下式计算：

$$\varepsilon_b = \frac{p^2 \times d \times Y_b}{2 \times (e^{-\rho a} - 1 + pa)}$$

$$P^2 = T / EI_{min}$$

式中：ε_b ——线夹出口处的动弯应变（$\mu\varepsilon$）；

d ——导地线最外层的单线直径（mm）；

Y_b ——线夹出口 89mm 处的弯曲振幅（mm）；

T ——试验期间导地线平均运行张力（N）；

EI_{min} ——导地线最小刚度（N • m²）。

$$a = 0.089\text{m}。$$

根据设计规范，校核悬垂线夹、间隔棒、防振锤等处导线上的动弯应变应不大于符合表 D－1 所列值。

表 D－1　导地线微风振动许用动弯应变表　单位：με

序号	导地线类型	大跨越	普通档
1	钢芯铝绞线、铝包钢芯铝绞线	±100	±150
2	铝包钢绞线（导线）	±100	±150
3	铝包钢绞线（地线）	±150	±200
4	钢芯铝合金绞线	±120	±150
5	铝合金绞线	±120	±150

续表

序号	导地线类型	大跨越	普通档
6	镀锌钢绞线	±200	±300
7	OPGW（全铝合金线）	±120	±150
8	OPGW（铝合金和铝包钢混绞）	±120	±150
9	OPGW（全铝包钢线）	±150	±200

附录E 防杆塔损坏校核方法

（1）风向及风荷载相关规定。各类杆塔、导线及避雷线的风荷载的计算按《杆塔结构设计技术规定》规定有下列三种情况的风向：杆塔应计算与线路方向成0°、45°（或60°）及90°的三种最大风速的风向；一般耐张型杆塔可只计算90°一个风向；终端杆塔除计算90°风向外，还需计算0°风向。

（2）基本风压 W_0 按下式计算：

$$W_0 = v^2/1600$$

式中 W_0——基本风压（kN/m²）；

v——基准高度为10m的风速（m/s）。

（3）风压比载的计算（将基本风压乘以相应修正系数）

$$\gamma = \alpha \beta_c \mu_Z \mu_{SC} B d W_0 / A$$

式中：α——风压不均匀系数；

β_c——导、地线风荷载调整系数；

μ_Z——风压高度变化系数；

μ_{SC}——导、地线的体型系数：线径小于17mm或覆冰时（不论线径大小）应取 $\mu_{SC}=1.2$；线径大于或等于17mm，μ_{SC} 取1.1；

B——覆冰时风荷载增大系数，5mm冰区取1.1；10mm冰区取1.2；

d——导线直径（覆冰时为 d 加2倍的冰厚）（mm）；

A——导线截面积（mm²）。

（4）导线、地线风荷载的计算：

1）风向垂直于导线的风荷载计算：

$$P=\gamma_4 A L_P \cos\alpha/2N$$

式中：γ_4——导、地线无冰风压比载［N/（m·mm^2）］；

A——导、地线截面面积（mm^2）；

L_P——水平档距（m）；

α——线路转角。

2）风向与导线不垂直时风荷载计算：

$$P_x=P\sin^2\theta$$

式中：P_x——垂直导、地线方向风荷载分量（N）；

P——垂直导、地线方向风荷载，按风向垂直于导线的风荷载计算；

θ——实际风荷载的风向与导、地线的夹角。

（5）绝缘子串风荷载的计算：

$$P_j=n_1(n_2+1)\mu_Z A_J B W_0$$

式中：n_1——一相导线所用的绝缘子串数；

n_2——每串绝缘子的片数，加“1”表示金具受风面相当于1片绝缘子；

μ_Z——风压随高度变化系数；

A_J——每片的受风面积，单裙取0.03m^2，双裙取0.04m^2；

W_0——其本风压（kN/m^2）；

B——覆冰时风荷载增大系数，5mm冰区取1.1，10mm冰区取1.2。

（6）杆塔塔身风荷载的计算：

$$P_g=\mu_Z \mu_S \beta_Z A_f\ B W_0$$

式中：W_0——基本风压，kN/m^2；

μ_Z——风压高度变化系数；

μ_S——构件体形系数；

β_Z——杆塔风荷载调整系数；

A_f——杆塔塔身构件承受风压的投影面积计算值；

B——覆冰时风荷载增大系数，5mm 冰区取 1.1，10mm 冰区取 1.2。

（7）结构和构件承载能力极限校核：

$$\gamma_0 S \leqslant R$$

式中：γ_0——结构重要性系数；

S——荷载效应组合设计；

R——结构构件的抗力设计值。

1）结构重要性系数

按安全等级分三级：

一级：特别重要的杆塔结构，应取 $\gamma_0 = 1.1$。

二级：各级电压线路的各类杆塔，应取 $\gamma_0 = 1.0$。

三级：临时使用的各类杆塔，应取 $\gamma_0 = 0.9$。

2）荷载效应组合设计 S（荷载产生内力设计值）

$$S = \gamma_G \cdot S_{GK} + \psi \Sigma \gamma_{Qi} \cdot S_{QiK}$$

式中：γ_G——永久荷载分项系数，对结构受力有利时不大于 1.0，不利时取 1.2；

γ_{Qi}——第 i 项可变荷载的分项系数，取 1.4；

S_{GK}——永久荷载标准值的效应；

S_{QiK}——第 i 项可变荷载标准值的效应；

ψ——可变荷载组合系数，正常运行情况取 1.0，断线情况、安装情况和不均匀覆冰情况取 0.9，验算情况取 0.75。

（8）结构和构件正常使用极限校核

$$S_{GK} + \psi \Sigma S_{QiK} \leqslant C$$

式中：C——结构或构件的裂缝宽度或变形的规定限值，其他符号与上式相同。

附录F　线路杆塔间隙校验计算

1　杆塔设计信息

选择计算××1线60号及与之同步××2线、××3线和××4线设计信息统计见表F－1。

表F－1　　杆塔设计信息统计表

项目	××1线	××2线	××3线	××4线
塔号	60号	58号	23号	27号
基准设计风速（m/s）	28	28	28	28
设计覆冰厚度（mm）	10	10	10	10
杆塔型式	ZB42－24	ZB42－30	ZB3－42	ZC222－33
水平档距（m）	373	364	486	315
垂直档距（m）	305	304	464	258
K_v值	0.818	0.835	0.954	0.820
代表档距（m）	365	355	487	382
海拔高度	＜500	＜500	＜500	＜500
导线型号	2×JL/G1A－400/35	2×JL/G1A－400/35	1×JL/G1A－240/30	2×JL/G1A－240/30
导线分裂间距（mm）	400	400		400
导线安全系数	2.5	2.5	2.5	2.5
绝缘子型式	FXBW－220/120－3	FXBW－220/120－3	U70BP/146＋U70BP/146M	U70BP/146＋U70BP/146M
结构高度（mm）	2490	2490	146	146
数量	1支	1支	15＋1（片）	15＋1（片）
单重（kg）	9.5	9.5	5.8＋6.2	5.8＋6.2
绝缘子串长度（mm）	3355	3355	2686	3186
绝缘子串重量（kg）	31.34	31.34	101	108.8

2　塔头空气间隙

本工程海拔在 500m 以下，根据《110kV～750kV 架空输电线路设计规范》（GB 50545—2010）规定，带电部分与铁塔构件间隙，在相应工况条件下应满足表 F－2 的要求。

表 F－2　　塔头空气间隙表

线路运行工况	雷电过电压	操作过电压	工频电压
空气间隙（mm）	1900	1450	550

3　塔头间隙校验计算

根据各工程金具绝缘子串竣工图信息，准确画出各杆塔对应使用设计条件间隙圆，按照大风工况进行旋转直至与杆塔临近相切，反推出此时设计风速，从而判定各工程大风工况对杆塔放电的临界条件，见表 F－3～表 F－5。

说明：

（1）根据杆塔通用设计设计原则，结构裕度对应于角钢准线选取，塔身部为 300mm，其余部位 200mm。如不考虑裕度值，杆塔允许摇摆角将比计算值偏大约 5°。

（2）如中相和边相允许风偏角度不一致时，以控制项角度为准。

（3）根据实际地形，摇摆角计算过程中杆塔的小弧垂统一取值为 150mm。

（4）由于未提供设计单位 cad 版杆塔总图，所以，因图片节点捕捉影响会产生一定误差。

表 F－3　　××1 线 60 号 ZB42 型直线塔校验计算

一、导线参数				
导线型号	分裂根数	截面（mm^2）	直径（mm）	计算重量（kg/km）
JL/G1A－400/35	2	425.24	26.8	1347.5
20℃直流电阻（Ω/km）	计算拉断力（N）	弹性系数（N/mm^2）	线膨胀系数（1/℃）	
×××	98 486.5	65 000	0.000 020 5	

二、主要气象条件				
气象名称	温度（℃）	风速（m/s）	覆冰（mm）	风压不均匀系数 α＝
大风（导线平均高度处，工频）	－5	30	0	0.61
覆冰	－5	10	10	1
内过电压（操作）	－5	15	0	1
外过电压（雷电，有风）	15	10	0	1
外过电压（雷电，无风）	15	0	0	1
带电作业	15	10	0	1

三、导线单位比载［N/（m・mm^2）］和导线单位荷载（N/m）			
电线风压不均匀系数 α＝	0.61		
电线体形系数（覆冰除外）μ_{SC}＝	1.1	电线体形系数（覆冰）μ_{SC}＝	1.2
导线单位比载［N/（m・mm^2）］		导线单位荷载（N/m）	
自重比载 γ_1＝	0.031 075 301	自重单位荷载 P_1＝	13.214 460 88
冰重比载 γ_2＝	0.023 995 332	冰重单位荷载 P_2＝	10.203 775 07
自重加冰重 γ_3＝	0.055 070 633	自重加冰重单位荷载 P_3＝	23.418 235 94
无冰时风压比载 γ_4＝	0.023 787 332	无冰时风压单位荷载 P_4＝	10.115 325
覆冰时风压比载 γ_5＝	0.008 254 162	覆冰时风压单位荷载 P_5＝	3.51
无冰时综合比载 γ_6＝	0.039 134 53	无冰时综合单位荷载 P_6＝	16.641 567 72
覆冰时综合比载 γ_6＝	0.055 685 777	覆冰时综合单位荷载 P_6＝	23.679 819 99
导线单位风比载［N/（m・mm^2）］		导线单位风荷载（N/m）	

续表

三、导线单位比载（N/m·mm²）和导线单位荷载（N/m）			
工频电压（大风）比载 γ_{4Vmax}=	0.023 787 332	工频电压（大风）单位荷载 P_{4Vmax}=	10.115 325
操作过电压比载 $\gamma_{4操作}$=	0.009 748 906	操作过电压单位荷载 $P_{4操作}$=	4.145 625
雷电过电压（有风）比载 $\gamma_{4雷电}$=	0.004 332 847	雷电过电压（有风）单位荷载 $P_{4雷电}$=	1.842 5
带电作业比载 $\gamma_{4带电}$=	0.004 332 847	带电作业单位荷载 $P_{4带电}$=	1.842 5

四、导线最大弧垂（高温或覆冰）的垂直档距转换为各种计算工况下垂直档距	
K_V 值的取值	0.818
塔位高差系数 α=	−0.045 940 295
水平档距（m）L_h=	373
代表档距（m）L_R=	365
工频电压下（大风）导线的张力（N）	28 198
操作过电压下导线的张力（N）	25 541
雷电过电压下（有风）导线的张力（N）	21 658
带电作业下导线的张力（N）	21 658
最大弧垂（高温或覆冰）时导线的张力（N）	19 527
工频电压下（大风）导线的应力（N/mm²）	66.31
操作过电压下导线的应力（N/mm²）	60.06
雷电过电压下（有风）导线的应力（N/mm²）	50.93
带电作业下导线的应力（N/mm²）	50.93
最大弧垂（高温或覆冰）时导线的应力（N/mm²）	45.92
最大弧垂（高温或覆冰）的垂直档距（m）L_V=	305.114
工频电压下（大风）垂直档距（m）L_V=	274.97
操作过电压下垂直档距（m）L_V=	284.21
雷电过电压下（有风）垂直档距（m）L_V=	297.71
带电作业下垂直档距（m）L_V=	297.71

五、悬垂绝缘子串风压 PI（N）及绝缘子串重力 GI（N）	
绝缘子串受风面积（m²）A_I=	0.54
绝缘子串的重力（N）G_I=	307.340 411

续表

五、悬垂绝缘子串风压 PI（N）及绝缘子串重力 GI（N）	
工频（大风）绝缘子串风压 P_I 工频＝	297.978 75
操作绝缘子串风压 P_I 操作＝	74.494 6875
雷电（有风）绝缘子串风压 P_I 雷电＝	33.108 75
带电作业绝缘子串风压 P_I 带电＝	33.108 75
六、悬垂绝缘子串摇摆角的计算（°）	
代表档距（m）L_R＝	365
工频（大风）绝缘子串风偏角 θ＝	46.039 404 9
操作绝缘子串风偏角 θ＝	22.211 967 31
雷电（有风）绝缘子串风偏角 θ＝	9.837 899 654
带电作业绝缘子串风偏角 θ＝	9.837 899 654

按实际使用条件计算，××1 线 60 号 ZB42 型直线塔大风工况允许偏角为 46°，此工况导线平均高设计风速为 30m/s，折算到 10m 基准设计风速为 28m/s，与设计值一致，杆塔间隙圆见图 F－1。

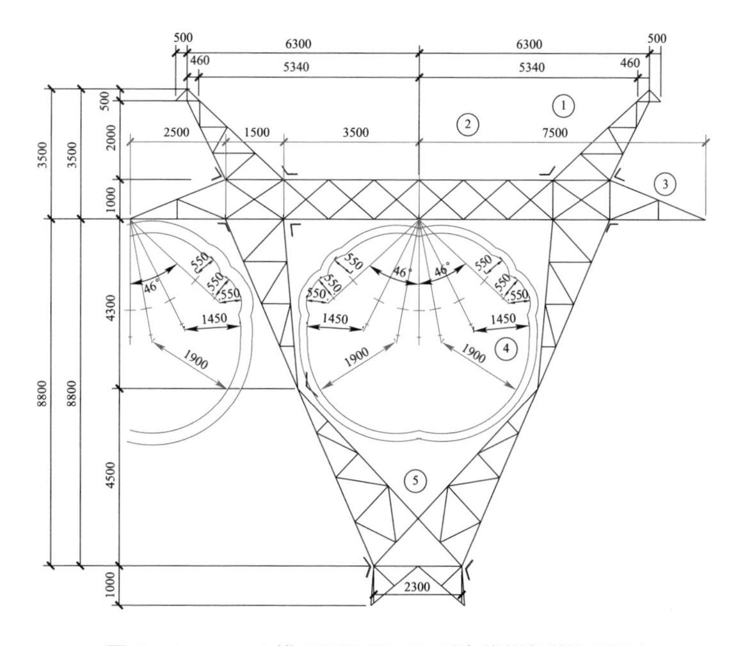

图 F－1　××1 线 60 号 ZB42 型直线塔杆塔间隙圆

表 F-4　　××2线58号ZB42型直线塔校验计算

一、导线参数				
导线型号	分裂根数	截面（mm^2）	直径（mm）	计算重量（kg/km）
JL/G1A－400/35	2	425.24	26.8	1347.5
20℃直流电阻（Ω/km）	计算拉断力（N）	弹性系数（N/mm^2）	线膨胀系数（1/℃）	
***	98 486.5	65 000	0.000 020 5	

二、主要气象条件				
气象名称	温度（℃）	风速（m/s）	覆冰（mm）	风压不均匀系数 α=
大风（导线平均高度处，工频）	－5	30.4	0	0.61
覆冰	－5	10	10	1
内过电压（操作）	－5	15.2	0	1
外过电压（雷电，有风）	15	10	0	1
外过电压（雷电，无风）	15	0	0	1
带电作业	15	10	0	1

三、导线单位比载［N/（m·mm^2）］和导线单位荷载（N/m）			
电线风压不均匀系数 α=	0.61		
电线体形系数（覆冰除外）μ_{SC}=	1.1	电线体形系数（覆冰）μ_{SC}=	1.2
导线单位比载［N/（m·mm^2）］		导线单位荷载（N/m）	
自重比载 γ_1=	0.031 075 301	自重单位荷载 P_1=	13.214 460 88
冰重比载 γ_2=	0.023 995 332	冰重单位荷载 P_2=	10.203 775 07
自重加冰重 γ_3=	0.055 070 633	自重加冰重单位荷载 P_3=	23.418 235 94
无冰时风压比载 γ_4=	0.024 425 89	无冰时风压单位荷载 P_4=	10.386 865 28
覆冰时风压比载 γ_5=	0.008 254 162	覆冰时风压单位荷载 P_5=	3.51
无冰时综合比载 γ_6=	0.039 525 921	无冰时综合单位荷载 P_6=	16.808 002 46
覆冰时综合比载 γ_6=	0.055 685 777	覆冰时综合单位荷载 P_6=	23.679 819 99
导线单位风比载［N/（m·mm^2）］		导线单位风荷载（N/m）	

续表

三、导线单位比载［N/（m·mm²）］和导线单位荷载（N/m）			
工频电压（大风）比载 γ_{4Vmax}=	0.024 425 89	工频电压（大风）单位荷载 P_{4Vmax}=	10.386 865 28
操作过电压比载 $\gamma_{4操作}$=	0.010 010 61	操作过电压单位荷载 $P_{4操作}$=	4.256 912
雷电过电压（有风）比载 $\gamma_{4雷电}$=	0.004 332 847	雷电过电压（有风）单位荷载 $P_{4雷电}$=	1.842 5
带电作业比载 $\gamma_{4带电}$=	0.004 332 847	带电作业单位荷载 $P_{4带电}$=	1.842 5

四、导线最大弧垂（高温或覆冰）的垂直档距转换为各种计算工况下垂直档距	
K_V 值的取值	0.835
塔位高差系数 α=	−0.041 018 756
水平档距（m）L_h=	364
代表档距（m）L_R=	355
工频电压下（大风）导线的张力（N）	28 310
操作过电压下导线的张力（N）	25 577
雷电过电压下（有风）导线的张力（N）	21 534
带电作业下导线的张力（N）	21 534
最大弧垂（高温或覆冰）时导线的张力（N）	19 349
工频电压下（大风）导线的应力（N/mm²）	66.57
操作过电压下导线的应力（N/mm²）	60.15
雷电过电压下（有风）导线的应力（N/mm²）	50.64
带电作业下导线的应力（N/mm²）	50.64
最大弧垂（高温或覆冰）时导线的应力（N/mm²）	45.50
最大弧垂（高温或覆冰）的垂直档距（m）L_V=	303.94
工频电压下（大风）垂直档距（m）L_V=	276.12
操作过电压下垂直档距（m）L_V=	284.61
雷电过电压下（有风）垂直档距（m）L_V=	297.16
带电作业下垂直档距（m）L_V=	297.16

五、悬垂绝缘子串风压 PI（N）及绝缘子串重力 GI（N）	
绝缘子串受风面积（m²）A_I=	0.54

续表

五、悬垂绝缘子串风压 PI（N）及绝缘子串重力 GI（N）	
绝缘子串的重力（N）G_I=	307.340 411
工频（大风）绝缘子串风压 P_I工频=	305.977 824
操作绝缘子串风压 P_I操作=	76.494 456
雷电（有风）绝缘子串风压 P_I雷电=	33.108 75
带电作业绝缘子串风压 P_I带电=	33.108 75
六、悬垂绝缘子串摇摆角的计算（°）	
代表档距（m）L_R=	355
工频（大风）绝缘子串风偏角 θ=	45.994 611 15
操作绝缘子串风偏角 θ=	22.231 714 27
雷电（有风）绝缘子串风偏角 θ=	9.624 883 823
带电作业绝缘子串风偏角 θ=	9.624 883 823

按实际使用条件计算，××2 线 58 号 ZB42 型直线塔大风工况允许偏角为 46°，此工况导线平均高设计风速为 30.4m/s，折算到 10m 基准设计风速为 28.5m/s，较设计值大 0.5m/s，杆塔间隙圆见图 F－1 所示（与××1 线 60 号一致）。

一、导线参数				
导线型号	分裂根数	截面（mm^2）	直径（mm）	计算重量（kg/km）
JL/G1A－240/30	1	275.96	21.6	920.7
20℃直流电阻（Ω/km）	计算拉断力（N）	弹性系数（N/mm^2）	线膨胀系数（1/℃）	
***	75 190	73 000	0.000 019 6	

二、主要气象条件				
气象名称	温度（℃）	风速（m/s）	覆冰（mm）	风压不均匀系数 α=
大风（导线平均高度处，工频）	－5	37	0	0.61

续表

气象名称	温度（℃）	风速（m/s）	覆冰（mm）	风压不均匀系数 α=
覆冰	−5	10	10	1
内过电压（操作）	−5	18.5	0	1
外过电压（雷电，有风）	15	15	0	1
外过电压（雷电，无风）	15	0	0	1
带电作业	15	10	0	1

三、导线单位比载 [N/（m·mm²）] 和导线单位荷载（N/m）			
电线风压不均匀系数 α=	0.61		
电线体形系数（覆冰除外）μ_{SC}=	1.1	电线体形系数（覆冰）μ_{SC}=	1.2
导线单位比载 [N/（m·mm²）]		导线单位荷载（N/m）	
自重比载 γ_1=	0.032 718 447	自重单位荷载 P_1=	9.028 982 655
冰重比载 γ_2=	0.031 750 751	冰重单位荷载 P_2=	8.761 937 285
自重加冰重 γ_3=	0.064 469 198	自重加冰重单位荷载 P_3=	17.790 919 94
无冰时风压比载 γ_4=	0.044 937 986	无冰时风压单位荷载 P_4=	12.401 086 5
覆冰时风压比载 γ_5=	0.011 305 986	覆冰时风压单位荷载 P_5=	3.12
无冰时综合比载 γ_6=	0.055 587 043	无冰时综合单位荷载 P_6=	15.339 800 33
覆冰时综合比载 γ_6=	0.065 453 058	覆冰时综合单位荷载 P_6=	18.062 425 98
导线单位风比载 [N/（m·mm²）]		导线单位风荷载（N/m）	
工频电压（大风）比载 γ_{4Vmax}=	0.044 937 986	工频电压（大风）单位荷载 P_{4Vmax}=	12.401 086 5
操作过电压比载 $\gamma_{4操作}$=	0.018 417 207	操作过电压单位荷载 $P_{4操作}$=	5.082 412 5
雷电过电压（有风）比载 $\gamma_{4雷电}$=	0.012 107 733	雷电过电压（有风）单位荷载 $P_{4雷电}$=	3.341 25
带电作业比载 $\gamma_{4带电}$=	0.005 381 215	带电作业单位荷载 $P_{4带电}$=	1.485

续表

四、导线最大弧垂（高温或覆冰）的垂直档距转换为各种计算工况下垂直档距	
K_V 值的取值	0.954
塔位高差系数 α＝	－0.013 734 079
水平档距（m）L_h＝	486
代表档距（m）L_R＝	487
工频电压下（大风）导线的张力（N）	26 100
操作过电压下导线的张力（N）	19 208
雷电过电压下（有风）导线的张力（N）	15 843
带电作业下导线的张力（N）	15 843
最大弧垂（高温或覆冰）时导线的张力（N）	14 697
工频电压下（大风）导线的应力（N/mm^2）	94.58
操作过电压下导线的应力（N/mm^2）	69.60
雷电过电压下（有风）导线的应力（N/mm^2）	57.41
带电作业下导线的应力（N/mm^2）	57.41
最大弧垂（高温或覆冰）时导线的应力（N/mm^2）	53.26
最大弧垂（高温或覆冰）的垂直档距（m）L_V＝	463.644
工频电压下（大风）垂直档距（m）L_V＝	446.30
操作过电压下垂直档距（m）L_V＝	456.78
雷电过电压下（有风）垂直档距（m）L_V＝	461.90
带电作业下垂直档距（m）L_V＝	461.90
五、悬垂绝缘子串风压 PI（N）及绝缘子串重力 GI（N）	
绝缘子串受风面积（m^2）A_I＝	0.54
绝缘子串的重力（N）G_I＝	990.471 65
工频（大风）绝缘子串风压 P_I 工频＝	453.258 7875
操作绝缘子串风压 P_I 操作＝	113.314 6969
雷电（有风）绝缘子串风压 P_I 雷电＝	74.494 6875
带电作业绝缘子串风压 P_I 带电＝	33.108 75

续表

六、悬垂绝缘子串摇摆角的计算（°）	
代表档距（m）L_R=	487
工频（大风）绝缘子串风偏角 θ=	54.111 762 59
操作绝缘子串风偏角 θ=	28.677 057 98
雷电（有风）绝缘子串风偏角 θ=	19.596 751 95
带电作业绝缘子串风偏角 θ=	8.991 432 325

按实际使用条件计算，××3 线 23 号 ZB3 型直线塔大风工况允许偏角为 54.1°，此工况导线平均高设计风速为 37m/s，折算到 10m 基准设计风速为 34.7m/s，较设计值大 6.7m/s，杆塔间隙圆见图 F-2。

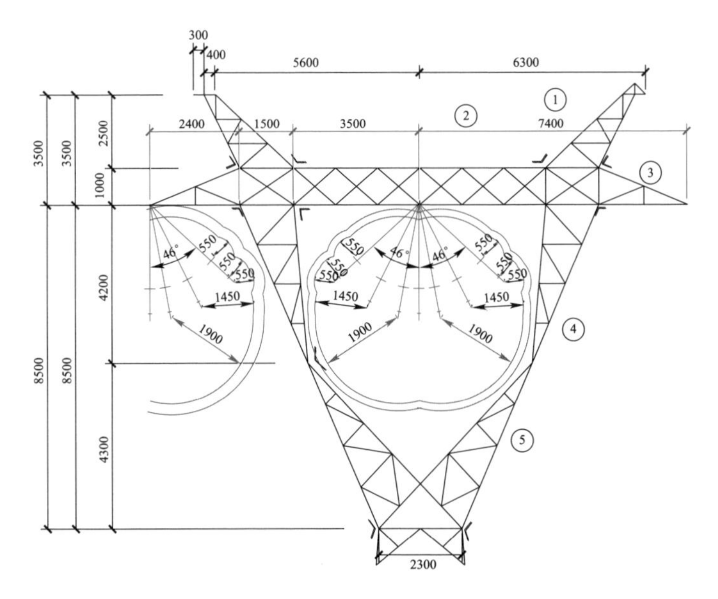

图 F-2　××3 线 23 号 ZB3 型直线塔杆塔间隙圆

表 F－5　　　　××4 线 27 号 ZC222 型直线塔校验计算

一、导线参数				
导线型号	分裂根数	截面（mm^2）	直径（mm）	计算重量（kg/km）
JL/G1A－240/30	2	275.96	21.6	920.7
20℃直流电阻（Ω/km）	计算拉断力（N）	弹性系数（N/mm^2）	线膨胀系数（1/℃）	
***	75 190	73 000	0.000 019 6	

二、主要气象条件				
气象名称	温度（℃）	风速（m/s）	覆冰（mm）	风压不均匀系数 α=
大风（导线平均高度处，工频）	−5	31.7	0	0.61
覆冰	−5	10	10	1
内过电压（操作）	−5	15.85	0	1
外过电压（雷电，有风）	15	10	0	1
外过电压（雷电，无风）	15	0	0	1
带电作业	15	10	0	1

三、导线单位比载［N/（m·mm^2）］和导线单位荷载（N/m）			
电线风压不均匀系数 α=	0.61		
电线体形系数（覆冰除外）μ_{SC}=	1.1	电线体形系数（覆冰）μ_{SC}=	1.2
导线单位比载［N/（m·mm^2）］		导线单位荷载（N/m）	
自重比载 γ_1=	0.032 718 447	自重单位荷载 P_1=	9.028 982 655
冰重比载 γ_2=	0.031 750 751	冰重单位荷载 P_2=	8.761 937 285
自重加冰重 γ_3=	0.064 469 198	自重加冰重单位荷载 P_3=	17.790 919 94
无冰时风压比载 γ_4=	0.032 985 926	无冰时风压单位荷载 P_4=	9.102 796 065
覆冰时风压比载 γ_5=	0.011 305 986	覆冰时风压单位荷载 P_5=	3.12
无冰时综合比载 γ_6=	0.046 460 393	无冰时综合单位荷载 P_6=	12.821 209 93
覆冰时综合比载 γ_6=	0.065 453 058	覆冰时综合单位荷载 P_6=	18.062 425 98

续表

三、导线单位比载［N/（m·mm^2）］和导线单位荷载（N/m）			
导线单位风比载（N/m·mm^2）		导线单位风荷载（N/m）	
工频电压（大风）比载 γ_{4Vmax}=	0.032 985 926	工频电压（大风）单位荷载 P_{4Vmax}=	9.102 796 065
操作过电压比载 $\gamma_{4操作}$=	0.013 518 822	操作过电压单位荷载 $P_{4操作}$=	3.730 654 125
雷电过电压（有风）比载 $\gamma_{4雷电}$=	0.005 381 215	雷电过电压（有风）单位荷载 $P_{4雷电}$=	1.485
带电作业比载 $\gamma_{4带电}$=	0.005 381 215	带电作业单位荷载 $P_{4带电}$=	1.485

四、导线最大弧垂（高温或覆冰）的垂直档距转换为各种计算工况下垂直档距	
K_V 值的取值	0.82
塔位高差系数 α=	−0.035 130 856
水平档距（m）L_h=	315
代表档距（m）L_R=	382
工频电压下（大风）导线的张力（N）	23089
操作过电压下导线的张力（N）	19624
雷电过电压下（有风）导线的张力（N）	16252
带电作业下导线的张力（N）	16252
最大弧垂（高温或覆冰）时导线的张力（N）	14572
工频电压下（大风）导线的应力（N/mm^2）	83.67
操作过电压下导线的应力（N/mm^2）	71.11
雷电过电压下（有风）导线的应力（N/mm^2）	58.89
带电作业下导线的应力（N/mm^2）	58.89
最大弧垂（高温或覆冰）时导线的应力（N/mm^2）	52.81
最大弧垂（高温或覆冰）的垂直档距（m）L_V=	258.3
工频电压下（大风）垂直档距（m）L_V=	225.16
操作过电压下垂直档距（m）L_V=	238.65
雷电过电压下（有风）垂直档距（m）L_V=	251.77
带电作业下垂直档距（m）L_V=	251.77

五、悬垂绝缘子串风压 PI（N）及绝缘子串重力 GI（N）	
绝缘子串受风面积（m^2）A_I=	0.54
绝缘子串的重力（N）G_I=	1066.963 52
工频（大风）绝缘子串风压 P_I 工频=	332.706 517 9

续表

五、悬垂绝缘子串风压 PI（N）及绝缘子串重力 GI（N）	
操作绝缘子串风压 P_I操作＝	83.176 629 47
雷电（有风）绝缘子串风压 P_I雷电＝	33.108 75
带电作业绝缘子串风压 P_I带电＝	33.108 75
六、悬垂绝缘子串摇摆角的计算（°）	
代表档距（m）L_R＝	382
工频（大风）绝缘子串风偏角 θ＝	52.066 180 43
操作绝缘子串风偏角 θ＝	26.284 509 55
雷电（有风）绝缘子串风偏角 θ＝	10.615 599 12
带电作业绝缘子串风偏角 θ＝	10.615 599 12

按实际使用条件计算，××4 线 27 号 ZC222 型直线塔大风工况允许偏角为 52°，此工况导线平均高设计风速为 31.7m/s，折算到 10m 基准设计风速为 29.7m/s，较设计值大 1.7m/s，杆塔间隙圆见图 F－3。

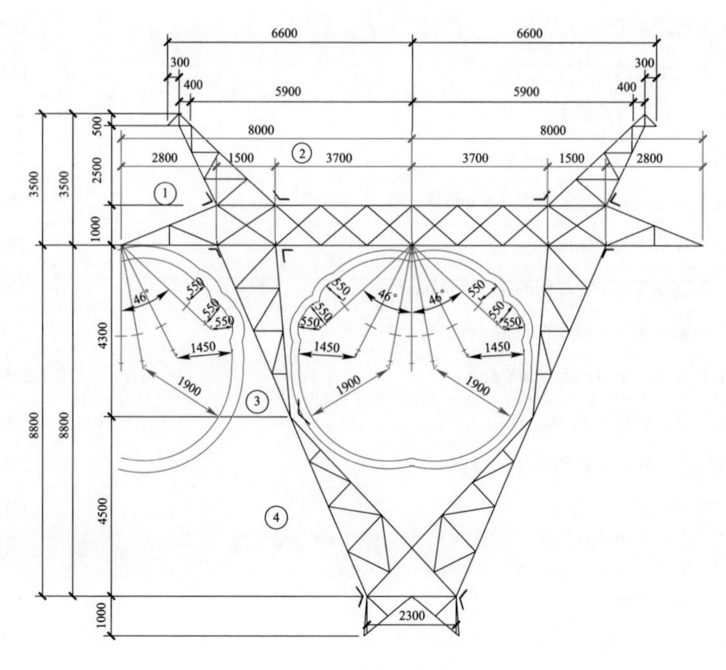

图 F－3　××4 线 27 号 ZC222 型直线塔杆塔间隙圆

4 结论

从校验结果可以看出，××1 线 60 号 ZB42 型直线塔允许摇摆角与设计值一致，抵御大风事故能力较其他三条线路偏低，所以，遇有非持续龙卷风等情况发生时，××1 线 60 号发生风闪概率最大。各工程计算杆塔允许设计风速比较汇总表见表 F-6～表 F-11。

表 F-6　杆塔允许基准设计风速值

项目	××1 线	××2 线	××3 线	××4 线
塔号	60 号	58 号	23 号	27 号
基准设计风速（m/s）	28	28	28	28
允许风速（m/s）	28	28.5	34.7	29.7
差值（允许值-基准值 m/s）	0	+0.5	+6.7	+1.7

表 F-7　风速核查表

序号	线路名称	电压等级（kV）	设计风速	分布图风速（分区段）	不满足风区图区段（30 年）	处于风害严重区段	处于微风震动区段

表 F-8　风害隐患排查表

序号	线路名称	电压等级	线路区段	微地形区段	微地形类型	与主导风向夹角

表 F－9　　交叉跨越基本情况一览表

序号	班组	线路名称	电压等级（kV）	跨越起始、终止塔号	档距（米）	距跨越较近杆塔（号）	距较近杆塔水平距离（米）	被跨越物名称	近侧绝缘子串类型	远侧绝缘子串类型	交叉角度（度）	实测距离	测量温度（度）	备注

表 F－10　　隐患排查记录

序号	线路名称	电压等级	隐患排查类型	隐患排查时间	排查线路长度	发现隐患数	排查结果	排查班组	排查人员	备注

表 F－11　　隐患档案

序号	隐患编号	线路名称	电压等级	线路区段、杆塔号	责任人（设备主人）	隐患内容描述	违反规程标准或排查大纲条款	隐患级别	发现日期	整改方案或措施简述	计划整改时间	整改完成情况	责任人	备注

附录G 隐患排查附表

表G-1 风速核查表

序号	线路名称	电压等级（kV）	设计风速	分布图风速（分区段）	不满足风区图区段（30年）	处于风害严重区段	处于微风震动区段

表G-2 风害隐患排查表

序号	线路名称	电压等级	线路区段	微地形区段	微地形类型	与主导风向夹角

表G-3 交叉跨越基本情况一览表

序号	班组	线路名称	电压等级（kV）	跨越起始、终止塔号	档距（m）	距跨越较近杆塔（号）	距较近杆塔水平距离（m）	被跨越物名称	近侧绝缘子串类型	远侧绝缘子串类型	交叉角度（°）	实测距离	测量温度（℃）	备注

表G-4　　隐患排查记录

序号	线路名称	电压等级	隐患排查类型	隐患排查时间	排查线路长度	发现隐患数	排查结果	排查班组	排查人员	备注

表G-5　　隐患档案

序号	隐患编号	线路名称	电压等级	线路区段、杆塔号	责任人（设备主人）	隐患内容描述	违反规程标准或排查大纲条款	隐患级别	发现日期	整改方案或措施简述	计划整改时间	整改完成情况	责任人	备注

附录H ××电力公司安全工器具标准配置表

表H-1　　××电力公司安全工器具标准配置表

专业：送电专业　　　　班组名称：500kV运检班、保线站

序号	安全工器具名称（单位）	电压等级（kV）	数量	备注
一、基本绝缘工器具				
1	伸缩式验电器（只）	500	4	
2	线式验电器（只）	500	4	
3	短路接地线（根）	500	12	
4	抛挂式接地线（根）	500	8	$6m \times 50mm^2$，接地线截面积应根据当年系统最大运行方式下最大短路电流值进行选取
5	抛挂式接地线（根）	500	4	$11m \times 50mm^2$，同上
6	个人保安线（根）	500	10	$11m \times 16mm^2$，抛挂式
7	个人保安线（根）	500	10	$6m \times 16mm^2$，抛挂式
8	个人保安线（根）	500	10	$1m \times 16mm^2$，钩式
二、辅助绝缘安全工器具				
1	绝缘手套（双）	12	4	
2	绝缘靴（双）	30	4	
三、一般防护安全工器具				
1	安全帽（顶）		每人一顶	
2	棉安全帽（顶）		每人一顶	
3	安全带（条）		每人一条	全方位型。双保险
4	防静电服（套）		每人两套	包括服装、手套；棉、单服装各1套
5	导电鞋（双）		每人两双	棉、单导电鞋各一双
6	速差自控器（只）		每人一只	15m长度
7	急救箱（个）		2	配有合格、足够的急救药品

续表

序号	安全工器具名称（单位）	电压等级（kV）	数量	备注
8	安全工器具柜（个）		3	智能柜：1 个，普通柜：2 个
9	接地线柜（架）（个）		2	满足所有接地线、个人保安线定置摆放要求
四、安全围栏、标示牌、其他安全工器具				
1	安全围栏带（米）		100	
2	安全围栏网（米）		200	
3	围栏桩		50	

表 H-2　　××电力公司安全工器具标准配置表

专业：送电专业　　班组名称：送电工区检修班（220kV 及以下）

序号	安全工器具名称（单位）	电压等级（kV）	数量	备注
一、基本绝缘工器具				
1	伸缩式验电器（只）	220	4	
2	伸缩式验电器（只）	110（66）	4	
3	伸缩式验电器（只）	35	4	如单位无此电压等级，可不用购置
4	伸缩式验电器（只）	10	4	
5	绝缘拉杆（组）	220	2	
6	绝缘拉杆（组）	110（66）	2	
7	绝缘拉杆（组）	10	2	如单位无此电压等级，可不用购置
8	接地线（组）	220	4	接地线截面积应根据当年系统最大运行方式下最大短路电流值进行选取。 如班组所负责线路无 35kV 电压等级，则该等级接地线可不用购置
9	接地线（组）	110（66）	4	
10	接地线（组）	35	8	
11	接地线（组）	10	4	
12	个人保安线（根）		每人一根	最小截面积不小于 16mm^2
13	验电高压发生器（只）	6～220	待讨论	
14	工频高压信号发生器（台）	6～220	4	输出电压：工频 0～60kV，可以满足 35～220kV 电压等级验电器在无电情况下的试验用途（一般验电器启动电压控制范围在 0.15～0.3 倍额定电压）

续表

序号	安全工器具名称（单位）	电压等级（kV）	数量	备注
二、辅助绝缘工器具				
1	绝缘靴（双）	12	4	
2	绝缘手套（双）	30	4	
三、一般防护安全工器具				
1	安全帽（顶）		每人一顶	
2	棉安全帽（顶）		每人一顶	
3	安全带（条）		每人一条	全方位型。双保险
4	防静电服（套）		每人两套	包括服装、手套；棉、单服装各1套
5	导电鞋（双）		每人两双	棉、单导电鞋各1双
6	速差自控器（只）		每人一只	长度自定
7	急救箱（个）		2	配有合格、足够的急救药品
8	安全工器具柜（个）		3	智能柜：1个，普通柜：2个
9	接地线柜（架）（个）		2	满足所有接地线、个人保安线定置摆放要求
四、安全围栏、标示牌、其他安全工器具				
1	安全警示带（米）		100	
2	安全围栏网（米）		200	
3	围栏桩		50	
4	障碍桶		10	

附录I 风害故障分析报告（模板）

××kV××线×月×日
风害故障分析报告（模板）
（××地区）

××单位

×年×月×日

一、故障基本情况

（一）故障概述

1. 描述故障发生简况，包括时间、线路名称、交流线路故障相别（直流线路故障极性）、故障时故障电流和负荷、导线排列方式、重合闸（再启动装置）动作情况等。

2. 描述故障测距和故障录波信息。

（二）故障区段基本情况

描述故障线路及区段的基本情况，包括线路和故障区段基本信息、区段走向、海拔高度、沿途地形地貌特征、气候特征、周边污源特征等。

（三）故障时段天气

描述故障时段天气情况。包括故障区段附近气象台站位置、距故障点距离及其在故障时段的观测数据、微气象监测数据等。

二、故障巡视及处理

描述故障发生后，运维单位的响应情况，包括巡视人员安排、巡视时间、巡视方案、巡视记录、现场处理情况等。

三、故障原因分析

（一）故障原因排查

详细写明排查过程。

（二）故障原因分析

多维度分析故障原因，如线路走廊环境、气象条件、设计标准等。

四、暴露出的问题

（从运行环境因素、设备因素、运维因素、电气因素等多方面进行排查）

（一）运行环境因素

（二）设备因素

（三）运维因素

五、下一步工作计划

附录J　防风害工作总结（模板）

××公司××年度架空输电线路防风害工作总结（模板）

一、总体情况

1. 本年度大风天气情况

2. 风害跳闸统计分析

3. 典型故障分析

二、工作开展情况

1. 防风害工作情况

2. 风害隐患排查情况

3. 防风害治理工作情况

4. 防风害装置运行情况

5. 科研及新型防风害装置应用情况

三、特色工作

四、存在的问题

五、下年度重点工作

参 考 文 献

［1］国家电网公司运维检修部. 输电线路六防工作手册. 防风害［M］. 北京：中国电力出版社，2015.

［2］国家电网公司运维检修部. 国家电网公司十八项电网重大反事故措施（修订版）及编制说明［M］. 北京：中国电力出版社，2018.

［3］朱宽军，刘彬，刘超群，付东杰. 特高压输电线路防舞动研究［J］. 中国电机工程学报，2008，34（1），12－20.

［4］祝永坤，刘福巨，江柱. 微地形微气象地区输电线路风偏故障分析及防范措施［J］. 内蒙古电力技术，2014，32（02），11－14.

［5］胡毅. 输电线路运行故障分析与防治［M］. 北京：中国电力出版社，2007.

［6］杨立秋，李海花，高玉竹. 架空输电线路微风振动危害分析［J］. 中国科技信息，2008，（12）：54－55.

［7］You Yi; He Cheng; Study on the wear of the UB hanging plate of the ground wire suspension string clamp in the continuous stable wind area.Materials Science and Engineering. 2020

［8］Guochun Wang; Xuesong Zhang. Aeolian Vibration Control Measures for JL/G1A-400/35-48/7 Conductors. Materials Science and Engineering. 2019

［9］黄国，罗汉武. 扰流板对钢管塔杆件涡振控制风洞试验研究. 计算机工程与应用. 2021

［10］Pan xiubao; li peng. Research on finite element simulation of typical down lead of transformer substation. earth and environmental science. 2019

［11］龙立宏，胡毅. 输电线路风偏放电的影响因素研究. 高电压技术. 2006